수학 좀 한다면

디딤돌 연산은 수학이다 3A

펴낸날 [초판 1쇄] 2024년 1월 26일 [초판 2쇄] 2024년 5월 16일
펴낸이 이기열
펴낸곳 (주)디딤돌 교육
주소 (03972) 서울특별시 마포구 월드컵북로 122 청원선와이즈타워
대표전화 02-3142-9000
구입문의 02-322-8451
내용문의 02-323-9166
팩시밀리 02-338-3231
홈페이지 www.didimdol.co.kr
등록번호 제10-718호
구입한 후에는 철회되지 않으며 잘못 인쇄된 책은 바꾸어 드립니다.

1 손으로 푸는 100문제보다 머리로 푸는 10문제가 수학 실력이 된다.

계산 방법만 익히는 연산은 '계산력'은 기를 수 있어도 '수학 실력'으로 이어지지 못합니다.
계산에 원리와 방법이 있는 것처럼 계산에는 저마다의 성질이 있고 계산과 계산 사이의 관계가 있습니다.
또한 아이들은 계산을 활용해 볼 수 있어야 하고 계산을 통해 수 감각을 기를 수 있어야 합니다.
이렇듯 계산의 단면이 아닌 입체적인 계산 훈련이 가능하도록 하나의 연산을 다양한 각도에서
생각해 볼 수 있는 문제들을 수학적 설계 근거를 바탕으로 구성하였습니다.

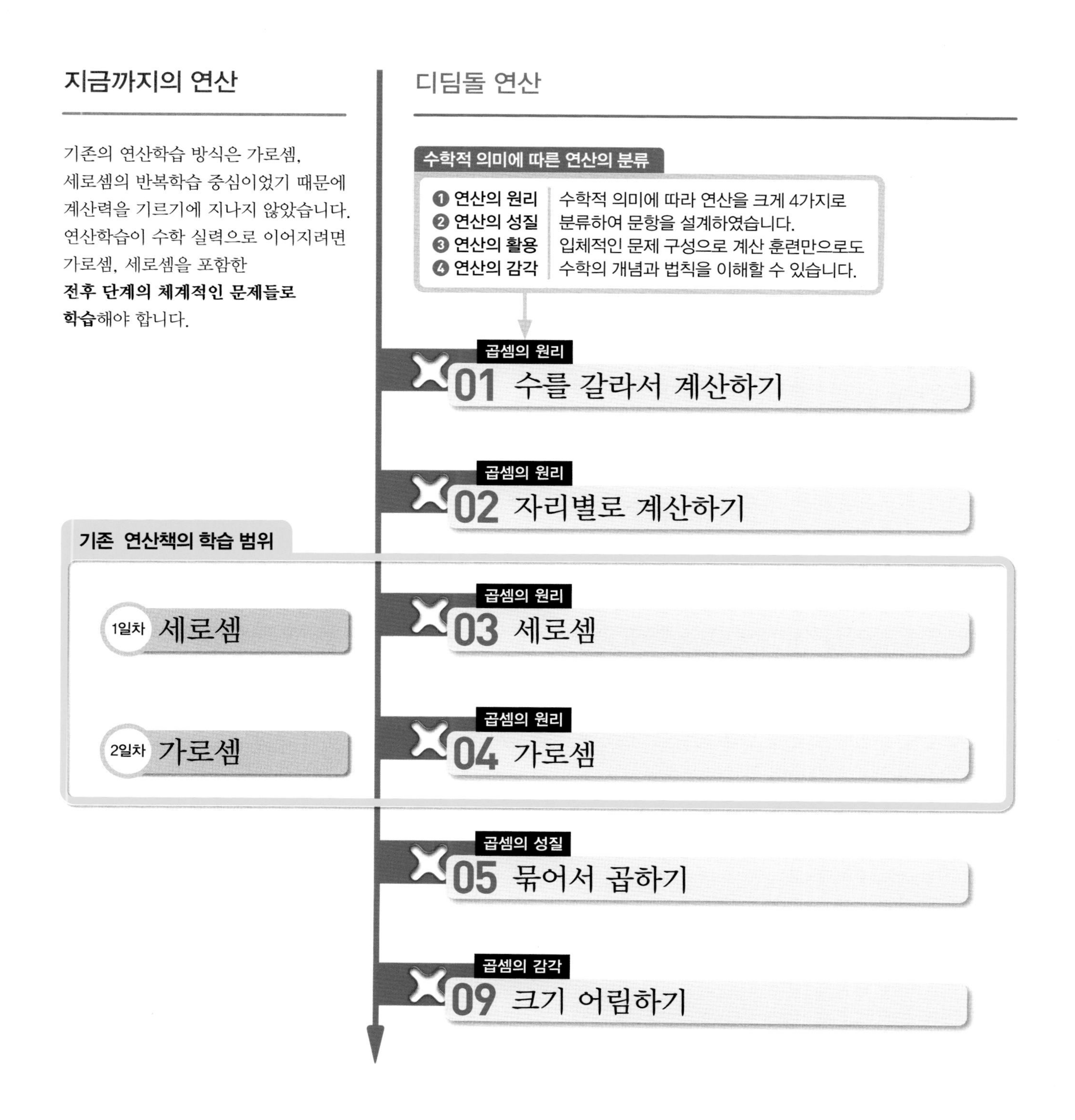

5학년 A

혼합 계산의 원리	수의 원리	덧셈과 뺄셈의 원리
혼합 계산의 성질	수의 성질	덧셈과 뺄셈의 성질
혼합 계산의 활용	수의 활용	덧셈과 뺄셈의 감각
혼합 계산의 감각	수의 감각	

1 덧셈과 뺄셈의 혼합 계산
2 곱셈과 나눗셈의 혼합 계산
3 덧셈, 뺄셈, 곱셈(나눗셈)의 혼합 계산
4 덧셈, 뺄셈, 곱셈, 나눗셈의 혼합 계산
5 약수와 배수
6 공약수와 최대공약수
7 공배수와 최소공배수
8 약분
9 통분
10 분모가 다른 진분수의 덧셈
11 분모가 다른 진분수의 뺄셈
12 분모가 다른 대분수의 덧셈
13 분모가 다른 대분수의 뺄셈

5학년 B

곱셈의 원리
곱셈의 성질
곱셈의 활용
곱셈의 감각

1 분수와 자연수의 곱셈
2 단위분수의 곱셈
3 진분수, 가분수의 곱셈
4 대분수의 곱셈
5 분수와 소수
6 소수와 자연수의 곱셈
7 소수의 곱셈

6학년 A

나눗셈의 원리	비와 비율의 원리
나눗셈의 성질	
나눗셈의 활용	
나눗셈의 감각	

1 (자연수)÷(자연수)를 분수로 나타내기
2 (분수)÷(자연수)
3 (대분수)÷(자연수)
4 분수, 자연수의 곱셈과 나눗셈
5 (소수)÷(자연수)
6 (자연수)÷(자연수)를 소수로 나타내기
7 비와 비율

6학년 B

나눗셈의 원리	혼합 계산의 원리	비와 비율의 원리
나눗셈의 성질	혼합 계산의 성질	비와 비율의 성질
나눗셈의 활용	혼합 계산의 감각	비와 비율의 활용
나눗셈의 감각		

1 분모가 같은 진분수끼리의 나눗셈
2 분모가 다른 진분수끼리의 나눗셈
3 (자연수)÷(분수)
4 대분수의 나눗셈
5 분수의 혼합 계산
6 나누어떨어지는 소수의 나눗셈
7 나머지가 있는 소수의 나눗셈
8 소수의 혼합 계산
9 간단한 자연수의 비로 나타내기
10 비례식
11 비례배분

연산의 원리

계산 원리
계산 방법
자릿값
사칙연산의 의미
덧셈과 곱셈의 관계
뺄셈과 나눗셈의 관계

연산의 성질

계산 순서/교환법칙
결합법칙/분배법칙
덧셈과 뺄셈의 관계
곱셈과 나눗셈의 관계
0과 1의 계산
등식

연산의 활용

상황에 맞는 계산
규칙의 발견과 적용
추상화된 식의 계산

연산의 감각

어림하기
연산의 다양성
수의 조작

3학년 A

덧셈과 뺄셈의 원리	나눗셈의 원리	곱셈의 원리
덧셈과 뺄셈의 성질	나눗셈의 활용	곱셈의 성질
덧셈과 뺄셈의 활용	나눗셈의 감각	곱셈의 활용
덧셈과 뺄셈의 감각		곱셈의 감각

1 받아올림이 없는 (세 자리 수)+(세 자리 수)
2 받아올림이 한 번 있는 (세 자리 수)+(세 자리 수)
3 받아올림이 두 번 있는 (세 자리 수)+(세 자리 수)
4 받아올림이 세 번 있는 (세 자리 수)+(세 자리 수)
5 받아내림이 없는 (세 자리 수)−(세 자리 수)
6 받아내림이 한 번 있는 (세 자리 수)−(세 자리 수)
7 받아내림이 두 번 있는 (세 자리 수)−(세 자리 수)
8 나눗셈의 기초
9 나머지가 없는 곱셈구구 안에서의 나눗셈
10 올림이 없는 (두 자리 수)×(한 자리 수)
11 올림이 한 번 있는 (두 자리 수)×(한 자리 수)
12 올림이 두 번 있는 (두 자리 수)×(한 자리 수)

3학년 B

곱셈의 원리	나눗셈의 원리	분수의 원리
곱셈의 성질	나눗셈의 성질	
곱셈의 활용	나눗셈의 활용	
곱셈의 감각	나눗셈의 감각	

1 올림이 없는 (세 자리 수)×(한 자리 수)
2 올림이 한 번 있는 (세 자리 수)×(한 자리 수)
3 올림이 두 번 있는 (세 자리 수)×(한 자리 수)
4 (두 자리 수)×(두 자리 수)
5 나머지가 있는 나눗셈
6 (몇십)÷(몇), (몇백몇십)÷(몇)
7 내림이 없는 (두 자리 수)÷(한 자리 수)
8 내림이 있는 (두 자리 수)÷(한 자리 수)
9 나머지가 있는 (두 자리 수)÷(한 자리 수)
10 나머지가 없는 (세 자리 수)÷(한 자리 수)
11 나머지가 있는 (세 자리 수)÷(한 자리 수)
12 분수

4학년 A

곱셈의 원리	나눗셈의 원리
곱셈의 성질	나눗셈의 성질
곱셈의 활용	나눗셈의 활용
곱셈의 감각	나눗셈의 감각

1 (세 자리 수)×(두 자리 수)
2 (네 자리 수)×(두 자리 수)
3 (몇백), (몇천) 곱하기
4 곱셈 종합
5 몇십으로 나누기
6 (두 자리 수)÷(두 자리 수)
7 몫이 한 자리 수인 (세 자리 수)÷(두 자리 수)
8 몫이 두 자리 수인 (세 자리 수)÷(두 자리 수)

4학년 B

분수의 원리	덧셈과 뺄셈의 감각
덧셈과 뺄셈의 원리	
덧셈과 뺄셈의 성질	
덧셈과 뺄셈의 활용	

1 분모가 같은 진분수의 덧셈
2 분모가 같은 대분수의 덧셈
3 분모가 같은 진분수의 뺄셈
4 분모가 같은 대분수의 뺄셈
5 자릿수가 같은 소수의 덧셈
6 자릿수가 다른 소수의 덧셈
7 자릿수가 같은 소수의 뺄셈
8 자릿수가 다른 소수의 뺄셈

2 사칙연산이 아니라 수학이 담긴 연산을 해야 초·중·고 수학이 잡힌다.

수학은 초등, 중등, 고등까지 하나로 연결되어 있는 과목이기 때문에 초등에서의 개념 형성이
중고등 학습에도 영향을 주게 됩니다.
초등에서 배우는 개념은 가볍게 여기기 쉽지만 중고등 과정에서의 중요한 개념과 연결되므로
그것의 수학적 의미를 짚어줄 수 있는 연산 학습이 반드시 필요합니다.
또한 중고등 과정에서 배우는 수학의 법칙들을 초등 눈높이에서부터 경험하게 하여
전체 수학 학습의 중심을 잡아줄 수 있어야 합니다.

초등: 자리별로 계산하기

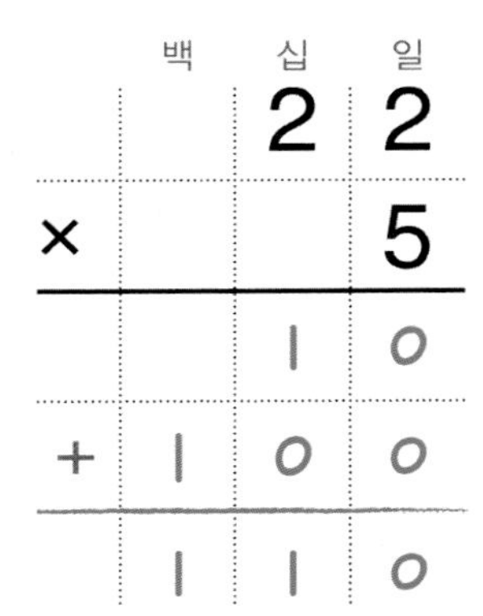

초등: 곱하여 더해 보기

$10 \times 2 = 20$

$3 \times 2 = 6$

$13 \times 2 = 26$

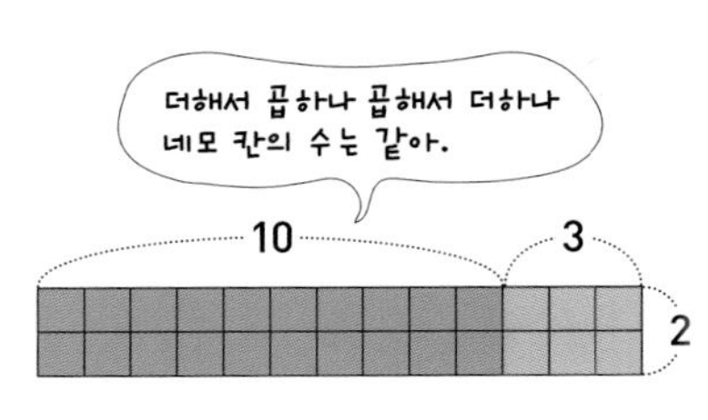

$(10+3) \times 2 = 10 \times 2 + 3 \times 2$

중등: 동류항끼리 계산하기

다항식: $2x-3y+5$

동류항의 계산: $2a+3b-a+2b=a+5b$

고등: 동류항끼리 계산하기

복소수의 사칙계산

실수 a, b, c, d에 대하여

$(a+bi)+(c+di)=(a+c)+(b+d)i$

$(a+bi)-(c+di)=(a-c)+(b-d)i$

중등: 분배법칙

곱셈의 분배법칙

$a \times (b+c)=a \times b+a \times c$

다항식의 곱셈

다항식 a, b, c, d에 대하여

$(a+b) \times (c+d)=a \times c+a \times d+b \times c+b \times d$

다항식의 인수분해

다항식 m, a, b에 대하여

$ma+mb=m(a+b)$

3 생각하고, 풀고, 느껴야 수학 개념이 남는다.

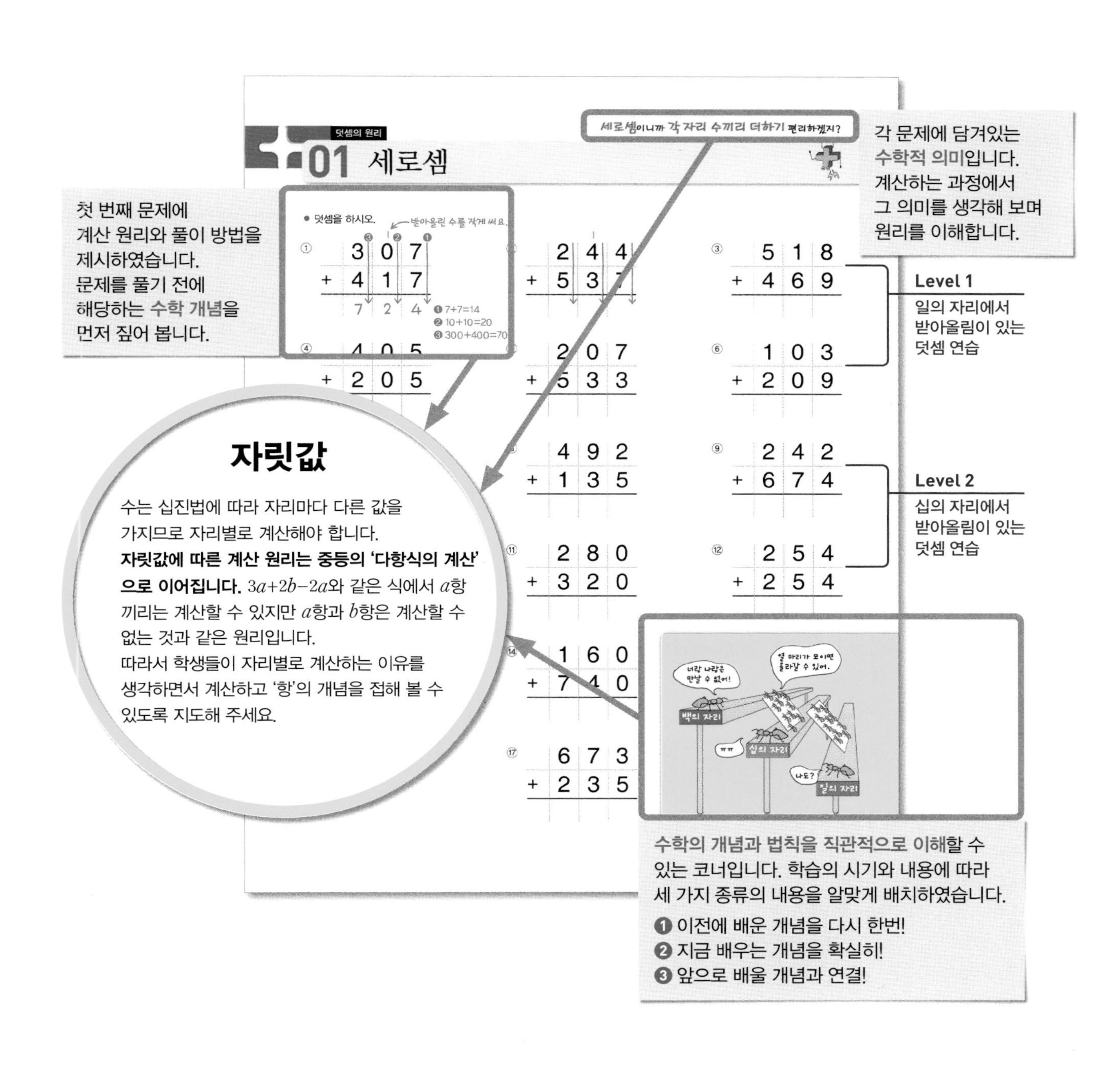

수학적 연산 분류에 따른 전체 학습 설계

1학년 A

- 수 감각
- 덧셈과 뺄셈의 원리
- 덧셈과 뺄셈의 성질
- 덧셈과 뺄셈의 감각

1 수를 가르기하고 모으기하기
2 합이 9까지인 덧셈
3 한 자리 수의 뺄셈
4 덧셈과 뺄셈의 관계
5 10을 가르기하고 모으기하기
6 10의 덧셈과 뺄셈
7 연이은 덧셈, 뺄셈

1학년 B

- 덧셈과 뺄셈의 원리
- 덧셈과 뺄셈의 성질
- 덧셈과 뺄셈의 활용
- 덧셈과 뺄셈의 감각

1 두 수의 합이 10인 세 수의 덧셈
2 두 수의 차가 10인 세 수의 뺄셈
3 받아올림이 있는 (몇)+(몇)
4 받아내림이 있는 (십몇)−(몇)
5 (몇십)+(몇), (몇)+(몇십)
6 받아올림, 받아내림이 없는 (몇십몇)±(몇)
7 받아올림, 받아내림이 없는 (몇십몇)±(몇십몇)

2학년 A

- 덧셈과 뺄셈의 원리
- 덧셈과 뺄셈의 성질
- 덧셈과 뺄셈의 활용
- 덧셈과 뺄셈의 감각

1 받아올림이 있는 (몇십몇)+(몇)
2 받아올림이 한 번 있는 (몇십몇)+(몇십몇)
3 받아올림이 두 번 있는 (몇십몇)+(몇십몇)
4 받아내림이 있는 (몇십몇)−(몇)
5 받아내림이 있는 (몇십몇)−(몇십몇)
6 세 수의 계산(1)
7 세 수의 계산(2)

2학년 B

- 곱셈의 원리
- 곱셈의 성질
- 곱셈의 활용
- 곱셈의 감각

1 곱셈의 기초
2 2, 5단 곱셈구구
3 3, 6단 곱셈구구
4 4, 8단 곱셈구구
5 7, 9단 곱셈구구
6 곱셈구구 종합
7 곱셈구구 활용

수학을 품은 연산 3A

디딤돌 연산은 수학이다.

디딤돌

수학적 의미에 따른 연산의 분류

연산의 분류		쪽	항목	수학적 의미
1	받아올림이 없는 (세 자리 수)+(세 자리 수)	6p	01 세로셈	덧셈의 원리 ▶ 계산 방법과 자릿값의 이해
			02 가로셈	
			03 여러 가지 수 더하기	덧셈의 원리 ▶ 계산 원리 이해
			04 다르면서 같은 덧셈	
			05 바꾸어 더하기	덧셈의 성질 ▶ 교환법칙
			06 수를 덧셈식으로 나타내기	덧셈의 감각 ▶ 수의 조작
2	받아올림이 한 번 있는 (세 자리 수)+(세 자리 수)	18p	01 세로셈	덧셈의 원리 ▶ 계산 방법과 자릿값의 이해
			02 가로셈	
			03 정해진 수 더하기	덧셈의 원리 ▶ 계산 원리 이해
			04 여러 가지 수 더하기	
			05 다르면서 같은 덧셈	
			06 영수증의 합계 구하기	덧셈의 활용 ▶ 상황에 맞는 덧셈
			07 같은 덧셈식 만들기	덧셈의 성질 ▶ 교환법칙
			08 등식 완성하기	덧셈의 성질 ▶ 등식
3	받아올림이 두 번 있는 (세 자리 수)+(세 자리 수)	34p	01 세로셈	덧셈의 원리 ▶ 계산 방법과 자릿값의 이해
			02 가로셈	
			03 합하면 모두 얼마가 될까?	덧셈의 원리 ▶ 합병
			04 늘어나면 모두 얼마가 될까?	덧셈의 원리 ▶ 첨가
			05 여러 가지 수 더하기	덧셈의 원리 ▶ 계산 원리 이해
			06 다르면서 같은 덧셈	
			07 편리한 방법으로 더하기	덧셈의 감각 ▶ 수의 조작
			08 학용품 고르기	덧셈의 활용 ▶ 상황에 맞는 덧셈
			09 1000이 되는 식 완성하기	덧셈의 감각 ▶ 수의 조작
4	받아올림이 세 번 있는 (세 자리 수)+(세 자리 수)	50p	01 세로셈	덧셈의 원리 ▶ 계산 방법과 자릿값의 이해
			02 가로셈	
			03 정해진 수 더하기	덧셈의 원리 ▶ 계산 원리 이해
			04 다르면서 같은 덧셈	
			05 편리한 방법으로 더하기	덧셈의 감각 ▶ 수의 조작
			06 묶어서 더하기	덧셈의 성질 ▶ 결합법칙
			07 1000이 되는 식 완성하기	덧셈의 감각 ▶ 수의 조작
5	받아내림이 없는 (세 자리 수)−(세 자리 수)	64p	01 세로셈	뺄셈의 원리 ▶ 계산 방법과 자릿값의 이해
			02 가로셈	
			03 얼마나 더 많을까?	뺄셈의 원리 ▶ 차이
			04 얼마나 마셨을까?	뺄셈의 원리 ▶ 제거
			05 여러 가지 수 빼기	뺄셈의 원리 ▶ 계산 원리 이해
			06 네 가지 식 만들기	덧셈과 뺄셈의 성질 ▶ 덧셈과 뺄셈의 관계
6	받아내림이 한 번 있는 (세 자리 수)−(세 자리 수)	76p	01 세로셈	뺄셈의 원리 ▶ 계산 방법과 자릿값의 이해
			02 가로셈	
			03 여러 가지 수 빼기	뺄셈의 원리 ▶ 계산 원리 이해
			04 계산하지 않고 크기 비교하기	
			05 발자국 길이의 차이 구하기	뺄셈의 활용 ▶ 상황에 맞는 뺄셈
			06 또 다른 뺄셈식 만들기	덧셈과 뺄셈의 성질 ▶ 덧셈과 뺄셈의 관계
			07 등식 완성하기	뺄셈의 성질 ▶ 등식

연산의 분류				수학적 의미
7	받아내림이 두 번 있는 (세 자리 수)−(세 자리 수)	88p	01 세로셈	뺄셈의 원리 ▶ 계산 방법과 자릿값의 이해
			02 가로셈	
			03 검산하기	덧셈과 뺄셈의 성질 ▶ 덧셈과 뺄셈의 관계
			04 정해진 수 빼기	뺄셈의 원리 ▶ 계산 원리 이해
			05 뺄셈 길 찾기	
			06 편리한 방법으로 빼기	뺄셈의 감각 ▶ 수의 조작
			07 다르면서 같은 뺄셈	뺄셈의 원리 ▶ 계산 원리 이해
			08 수를 뺄셈식으로 나타내기	뺄셈의 감각 ▶ 수의 조작
8	나눗셈의 기초	102p	01 똑같게 나누기	나눗셈의 원리 ▶ 계산 원리 이해
			02 몇 묶음인지 구하기	
			03 뺄셈으로 나눗셈 알아보기	
			04 곱셈식으로 나눗셈의 몫 구하기(1)	
			05 곱셈식으로 나눗셈의 몫 구하기(2)	
			06 2, 3으로 나누기	
			07 4, 5로 나누기	
			08 6, 7로 나누기	
			09 8, 9로 나누기	
9	나머지가 없는 곱셈구구 안에서의 나눗셈	116p	01 가로셈	나눗셈의 원리 ▶ 계산 방법과 자릿값의 이해
			02 세로셈	
			03 여러 가지 수로 나누기	나눗셈의 원리 ▶ 계산 원리 이해
			04 두 나눗셈 사이의 관계	
			05 계산하지 않고 크기 비교하기	
			06 0과 1의 나눗셈	
			07 다르면서 같은 나눗셈	
			08 검산하기	
			09 구슬의 무게 구하기	나눗셈의 활용 ▶ 나눗셈의 적용
			10 단위가 있는 나눗셈	나눗셈의 원리 ▶ 계산 원리 이해
10	올림이 없는 (두 자리 수)×(한 자리 수)	132p	01 수를 가르기하여 계산하기	곱셈의 원리 ▶ 계산 원리 이해
			02 자리별로 계산하기	곱셈의 원리 ▶ 계산 방법과 자릿값의 이해
			03 세로셈	
			04 가로셈	
			05 여러 가지 수 곱하기	곱셈의 원리 ▶ 계산 원리 이해
			06 바꾸어 곱하기	곱셈의 성질 ▶ 교환법칙
			07 10배 한 수 구하기	곱셈의 원리 ▶ 계산 원리 이해
			08 사각형의 수 구하기	곱셈의 활용 ▶ 곱셈의 적용
			09 지워진 수 찾기	곱셈의 감각 ▶ 수의 조작
11	올림이 한 번 있는 (두 자리 수)×(한 자리 수)	148p	01 수를 가르기하여 계산하기	곱셈의 원리 ▶ 계산 원리 이해
			02 자리별로 계산하기	곱셈의 원리 ▶ 계산 방법과 자릿값의 이해
			03 세로셈	
			04 가로셈	
			05 여러 가지 수 곱하기	곱셈의 원리 ▶ 계산 원리 이해
			06 다르면서 같은 곱셈	
			07 계산하지 않고 크기 비교하기	곱셈의 원리 ▶ 계산 방법 이해
			08 등식 완성하기	곱셈의 성질 ▶ 등식
12	올림이 두 번 있는 (두 자리 수)×(한 자리 수)	164p	01 수를 가르기하여 계산하기	곱셈의 원리 ▶ 계산 원리 이해
			02 자리별로 계산하기	곱셈의 원리 ▶ 계산 방법과 자릿값의 이해
			03 세로셈	
			04 가로셈	
			05 묶어서 곱하기	곱셈의 성질 ▶ 결합법칙
			06 정해진 수 곱하기	곱셈의 원리 ▶ 계산 원리 이해
			07 여러 가지 수 곱하기	
			08 마주 보는 곱셈	곱셈의 성질 ▶ 교환법칙
			09 크기 어림하기	곱셈의 감각 ▶ 수의 조작

같아 보이지만 완전히 다릅니다!

1. 입체적 학습의 흐름

연산은 수학적 개념을 바탕으로 합니다.
따라서 단순 계산 문제를 반복하는 것이 아니라 원리를 이해하고, 계산 방법을 익히고,
수학적 법칙을 경험해 볼 수 있는 문제를 다양하게 접할 수 있어야 합니다.
연산을 다양한 각도에서 생각해 볼 수 있는 문제들로 계산력을 뛰어넘는 수학 실력을 길러 주세요.

기초 연산책의 학습 범위

덧셈의 원리 ▸ 계산 방법과 자릿값의 이해
01 세로셈

덧셈의 원리 ▸ 계산 방법과 자릿값의 이해
02 가로셈

가장 기본적인 계산 문제입니다.
본 학습의 계산 원리를 익힐 수 있도록
충분히 연습합니다.

덧셈의 원리 ▸ 계산 원리 이해
03 정해진 수 더하기

덧셈의 원리 ▸ 계산 원리 이해
04 여러 가지 수 더하기

덧셈의 원리 ▸ 계산 원리 이해
05 다르면서 같은 덧셈

연산의 원리, 성질들을 느끼고 활용해 보는 문제입니다.
하나의 연산 원리를 다양한 관점에서 생각해 보고
수학의 개념과 법칙을 이해합니다.

덧셈의 성질 ▸ 교환법칙
07 같은 덧셈식 만들기

덧셈의 성질 ▸ 등식
08 등식 완성하기

연산의 원리를 바탕으로 수를 다양하게 조작해 보고
추론하여 해결하는 문제입니다. 앞서 학습한 연산의 원리,
성질들을 이용하여 사고력과 수 감각을 기릅니다.

수학

2. 입체적 학습의 구성

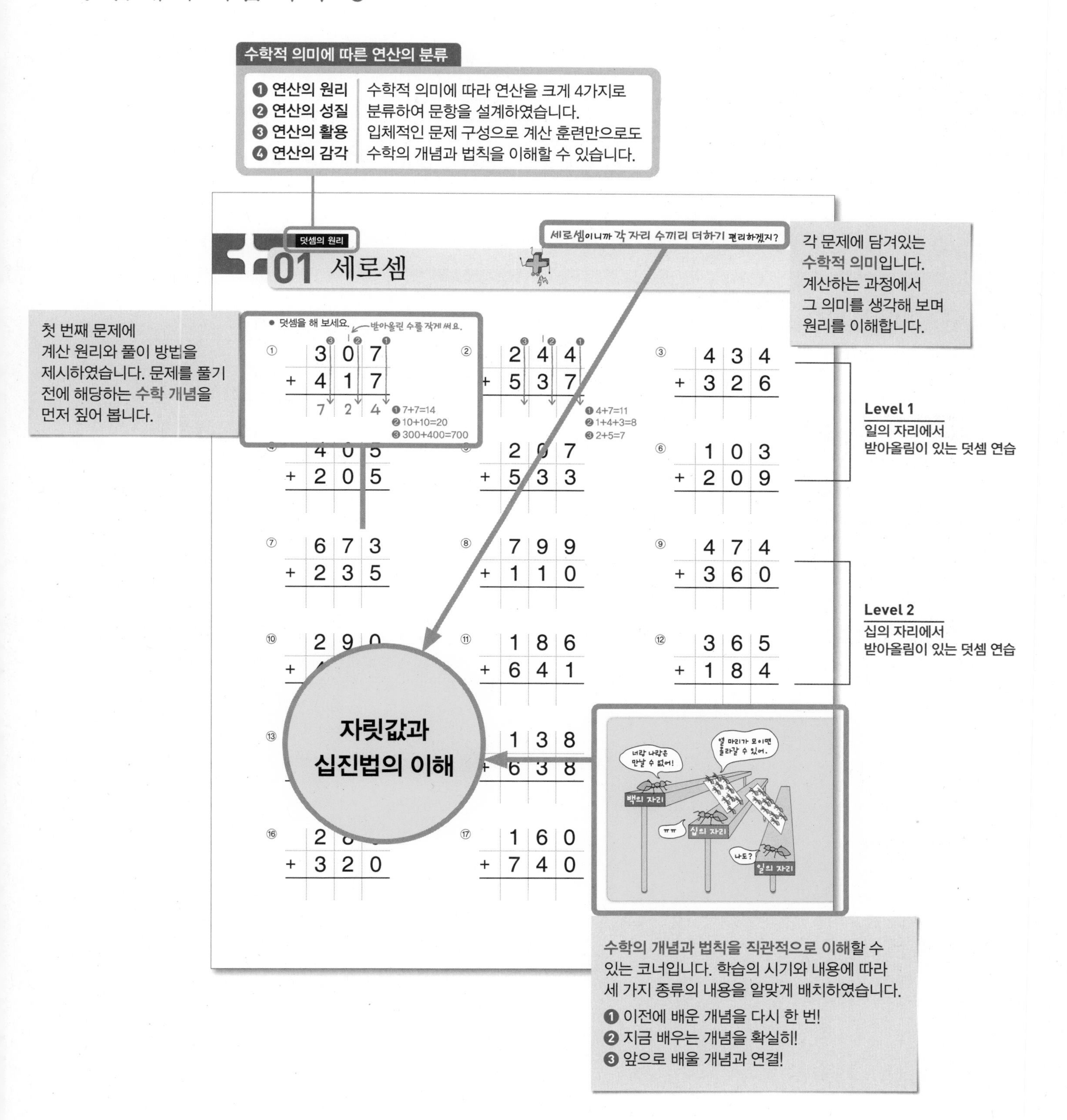

수학적 의미에 따른 연산의 분류
❶ 연산의 원리
❷ 연산의 성질
❸ 연산의 활용
❹ 연산의 감각
수학적 의미에 따라 연산을 크게 4가지로 분류하여 문항을 설계하였습니다. 입체적인 문제 구성으로 계산 훈련만으로도 수학의 개념과 법칙을 이해할 수 있습니다.
덧셈의 원리
01 세로셈
세로셈이니까 각 자리 수끼리 더하기 편리하겠지?
각 문제에 담겨있는 수학적 의미입니다. 계산하는 과정에서 그 의미를 생각해 보며 원리를 이해합니다.
첫 번째 문제에 계산 원리와 풀이 방법을 제시하였습니다. 문제를 풀기 전에 해당하는 수학 개념을 먼저 짚어 봅니다.
● 덧셈을 해 보세요.
받아올린 수를 작게 써요.
❶ 7+7=14
❷ 10+10=20
❸ 300+400=700
❶ 4+7=11
❷ 1+4+3=8
❸ 2+5=7
Level 1
일의 자리에서 받아올림이 있는 덧셈 연습
Level 2
십의 자리에서 받아올림이 있는 덧셈 연습
자릿값과 십진법의 이해
너랑 나랑은 만날 수 없어!
열 마리가 모이면 올라갈 수 있어.
백의 자리
ㅠㅠ
십의 자리
나도?
일의 자리
수학의 개념과 법칙을 직관적으로 이해할 수 있는 코너입니다. 학습의 시기와 내용에 따라 세 가지 종류의 내용을 알맞게 배치하였습니다.
❶ 이전에 배운 개념을 다시 한 번!
❷ 지금 배우는 개념을 확실히!
❸ 앞으로 배울 개념과 연결!

받아올림이 없는 (세 자리 수)+(세 자리 수)

일차			
1일차	01	**세로셈** p8	덧셈의 원리 ▶ 계산 방법과 자릿값의 이해
2일차	02	**가로셈** p10	덧셈의 원리 ▶ 계산 방법과 자릿값의 이해
3일차	03	**여러 가지 수 더하기** p12	덧셈의 원리 ▶ 계산 원리 이해
4일차	04	**다르면서 같은 덧셈** p14	덧셈의 원리 ▶ 계산 원리 이해
5일차	05	**바꾸어 더하기** p16	덧셈의 성질 ▶ 교환법칙
	06	**수를 덧셈식으로 나타내기** p17	덧셈의 감각 ▶ 수의 조작

일의 자리 수끼리, 십의 자리 수끼리, 백의 자리 수끼리 더해.

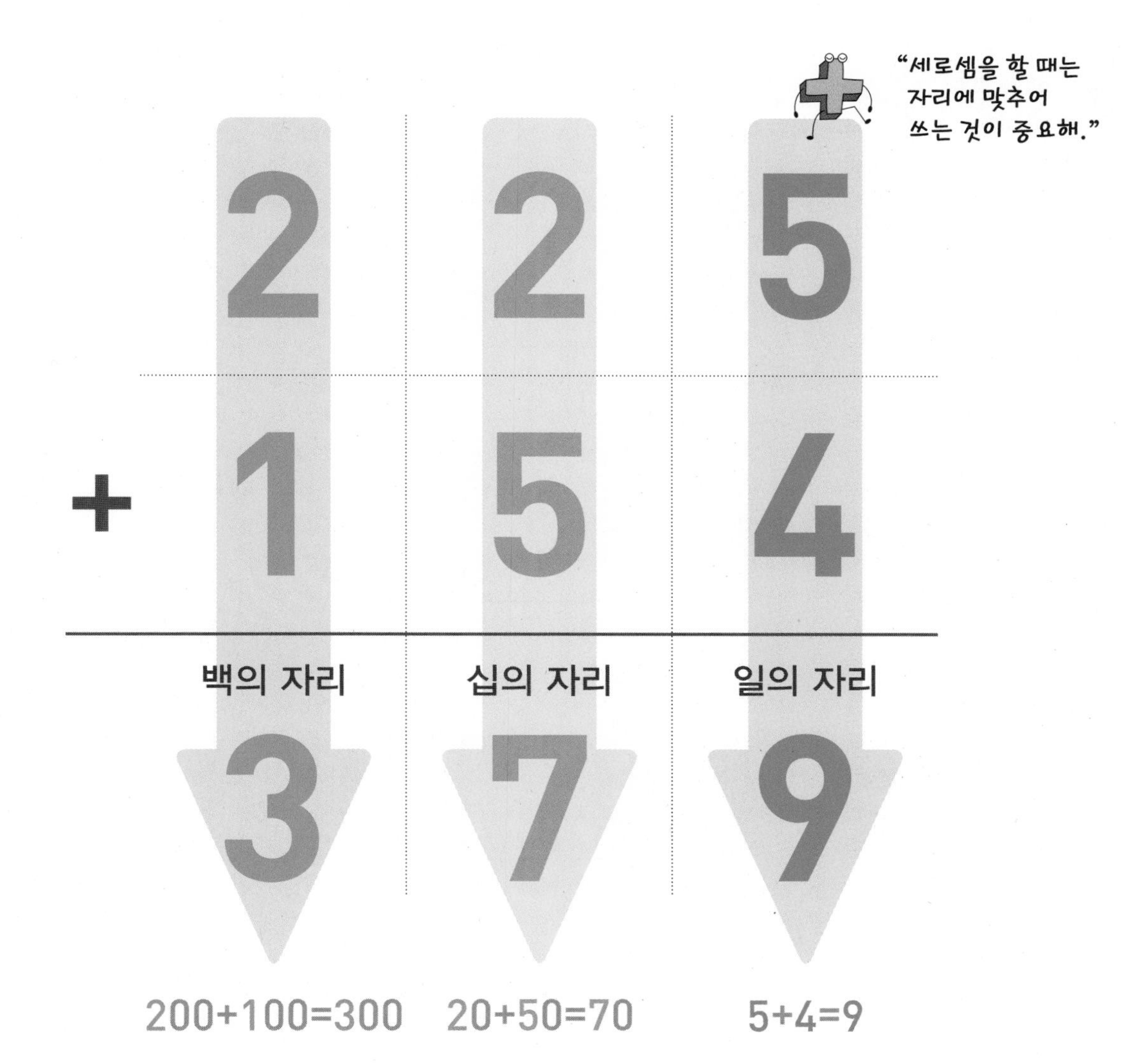

덧셈의 원리

01 세로셈

세로셈은 자리를 맞추어 써야 해.

● 덧셈을 해 보세요.

①
	7	8	3
+	1	1	3
	8	9	6

6 ← 3+3=6, 9 ← 80+10=90, 8 ← 700+100=800

②
	2	6	0
+	4	1	0

←0+0=0, ←6+1=7, ←2+4=6

③
	2	0	0
+	3	0	0

④
	7	0	0
+	2	3	0

⑤
	1	3	0
+	1	0	0

⑥
	6	0	2
+	1	0	0

⑦
	1	0	0
+	2	0	1

⑧
	5	0	3
+	3	5	0

⑨
	8	8	0
+	1	0	1

⑩
	6	1	0
+	3	4	0

⑪
	1	0	8
+	4	0	1

⑫
	2	7	0
+	3	2	6

⑬
	3	3	5
+	4	1	0

⑭
	7	0	3
+	2	9	5

⑮
	3	7	6
+	6	0	1

⑯
	4	7	4
+	3	1	0

⑰
	2	0	1
+	5	3	6

⑱
	2	3	2
+	2	3	2

⑲ $\begin{array}{r} 256 \\ +\ 632 \\ \hline \end{array}$

⑳ $\begin{array}{r} 524 \\ +\ 173 \\ \hline \end{array}$

㉑ $\begin{array}{r} 555 \\ +\ 222 \\ \hline \end{array}$

㉒ $\begin{array}{r} 612 \\ +\ 187 \\ \hline \end{array}$

㉓ $\begin{array}{r} 242 \\ +\ 214 \\ \hline \end{array}$

㉔ $\begin{array}{r} 611 \\ +\ 388 \\ \hline \end{array}$

㉕ $\begin{array}{r} 263 \\ +\ 124 \\ \hline \end{array}$

㉖ $\begin{array}{r} 113 \\ +\ 271 \\ \hline \end{array}$

㉗ $\begin{array}{r} 324 \\ +\ 334 \\ \hline \end{array}$

㉘ $\begin{array}{r} 421 \\ +\ 421 \\ \hline \end{array}$

㉙ $\begin{array}{r} 171 \\ +\ 717 \\ \hline \end{array}$

㉚ $\begin{array}{r} 234 \\ +\ 433 \\ \hline \end{array}$

㉛ $\begin{array}{r} 413 \\ +\ 185 \\ \hline \end{array}$

㉜ $\begin{array}{r} 238 \\ +\ 511 \\ \hline \end{array}$

㉝ $\begin{array}{r} 215 \\ +\ 263 \\ \hline \end{array}$

㉞ $\begin{array}{r} 551 \\ +\ 217 \\ \hline \end{array}$

㉟ $\begin{array}{r} 132 \\ +\ 161 \\ \hline \end{array}$

㊱ $\begin{array}{r} 416 \\ +\ 211 \\ \hline \end{array}$

덧셈의 원리

02 가로셈

같은 자리 수끼리 더한다는 걸 기억해.

● 덧셈을 해 보세요.

① 500+240= 740

② 400+200=

③ 700+100=

④ 600+300=

⑤ 430+100=

⑥ 200+450=

⑦ 106+200=

⑧ 400+201=

⑨ 301+507=

⑩ 150+240=

⑪ 104+160=

⑫ 570+303=

⑬ 512+312=

⑭ 536+342=

⑮ 165+231=

⑯ 341+515=

⑰ 216+251=

⑱ 161+123=

다른 자리 수와는 더할 수 없다.

341	+	555	=	896
1	+	5	=	6
40	+	50	=	90
300	+	500	=	800

⑲ 432+131=

⑳ 661+214=

㉑ 835+131=

㉒ 311+272=

㉓ 323+111=

㉔ 357+421=

㉕ 235+552=

㉖ 131+835=

㉗ 467+131=

㉘ 267+122=

㉙ 213+213=

㉚ 125+542=

㉛ 431+432=

㉜ 222+222=

㉝ 358+641=

㉞ 143+451=

㉟ 534+145=

㊱ 145+534=

㊲ 123+321=

㊳ 271+216=

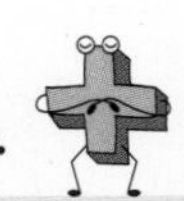

03 여러 가지 수 더하기

● 덧셈을 해 보세요.

① 123+ 1 = 124

123+ 11 = 134

123+111=

더하는 수가 커지면 계산 결과가 커져요.

② 355+300=

355+400=

355+500=

③ 273+400=

273+410=

273+420=

④ 134+201=

134+202=

134+203=

⑤ 613+250=

613+260=

613+270=

⑥ 451+133=

451+233=

451+333=

⑦ 534+ 4 =

534+ 44 =

534+444=

⑧ 424+411=

424+412=

424+413=

⑨ 412+400=

412+300=

412+200=

더하는 수가 작아지면 계산 결과는 어떻게 될까요?

⑩ 510+450=

510+350=

510+250=

⑪ 350+407=

350+406=

350+405=

⑫ 705+111=

705+11=

705+1=

⑬ 522+370=

522+360=

522+350=

⑭ 132+132=

132+131=

132+130=

⑮ 353+333=

353+33=

353+3=

⑯ 276+523=

276+513=

276+503=

04 다르면서 같은 덧셈

● 덧셈을 해 보세요.

① 120+400=520

420+100=

커지는 만큼 작아져요.

② 132+507=

232+407=

③ 250+500=

350+400=

④ 430+310=

630+110=

⑤ 600+334=

610+324=

⑥ 490+401=

500+391=

⑦ 200+372=

250+322=

⑧ 652+202=

702+152=

⑨ 571+303=□

671+□=874

⑩ 104+464=□

114+□=568

⑪ 500+323=

300+523=

작아지는 만큼 커져요.

⑫ 234+ 34=

134+134=

⑬ 508+ 50=

408+150=

⑭ 710+ 31=

210+531=

⑮ 411+366=

410+367=

⑯ 420+349=

419+350=

⑰ 365+122=

360+127=

⑱ 623+153=

622+154=

⑲ 410+280=☐

310+☐=690

⑳ 280+505=☐

275+☐=785

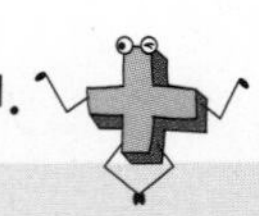

덧셈의 성질

05 바꾸어 더하기

● 덧셈을 하고 계산 결과를 비교해 보세요.

① 133 + 721 = 854

721 + 133 = 854

133 721 / 721 133 / 854

순서를 바꾸어 더해도 계산 결과가 같아요.

② 230 + 242 =

242 + 230 =

③ 715 + 144 =

144 + 715 =

④ 415 + 271 =

271 + 415 =

⑤ 332 + 214 =

214 + 332 =

⑥ 531 + 144 =

144 + 531 =

⑦ 207 + 730 =

730 + 207 =

⑧ 264 + 333 =

333 + 264 =

⑨ 831 + 115 =

115 + 831 =

⑩ 642 + 235 =

235 + 642 =

⑪ 437 + 252 =

252 + 437 =

⑫ 568 + 311 =

311 + 568 =

주어진 수를 합이라고 생각해 봐.

06 수를 덧셈식으로 나타내기

● 빈칸에 알맞은 수를 써 보세요.

① 526=500+ 26

526은 500보다 26만큼 더 큰 수예요.

526=400+ ______

526은 400보다 얼마만큼 더 큰 수인지 생각해 봐요.

② 674=600+ ______

674=500+ ______

③ 865=800+ ______

865=700+ ______

④ 797=700+ ______

797=500+ ______

⑤ 439=400+ ______

439=200+ ______

⑥ 825=800+ ______

825=500+ ______

⑦ 334=300+ ______

334=330+ ______

⑧ 763=700+ ______

763=703+ ______

⑨ 643=500+ ______

643=540+ ______

⑩ 458=200+ ______

458=208+ ______

받아올림이 한 번 있는 (세 자리 수)+(세 자리 수)

일차			내용
1일차	01	세로셈 p20	덧셈의 원리 ▶ 계산 방법과 자릿값의 이해
2일차	02	가로셈 p22	덧셈의 원리 ▶ 계산 방법과 자릿값의 이해
3일차	03	정해진 수 더하기 p24	덧셈의 원리 ▶ 계산 원리 이해
	04	여러 가지 수 더하기 p26	덧셈의 원리 ▶ 계산 원리 이해
4일차	05	다르면서 같은 덧셈 p28	덧셈의 원리 ▶ 계산 원리 이해
	06	영수증의 합계 구하기 p30	덧셈의 활용 ▶ 상황에 맞는 덧셈
5일차	07	같은 덧셈식 만들기 p32	덧셈의 성질 ▶ 교환법칙
	08	등식 완성하기 p33	덧셈의 성질 ▶ 등식

각 자리 수끼리의 합이 10이거나 10보다 크면 윗자리로 받아올림해.

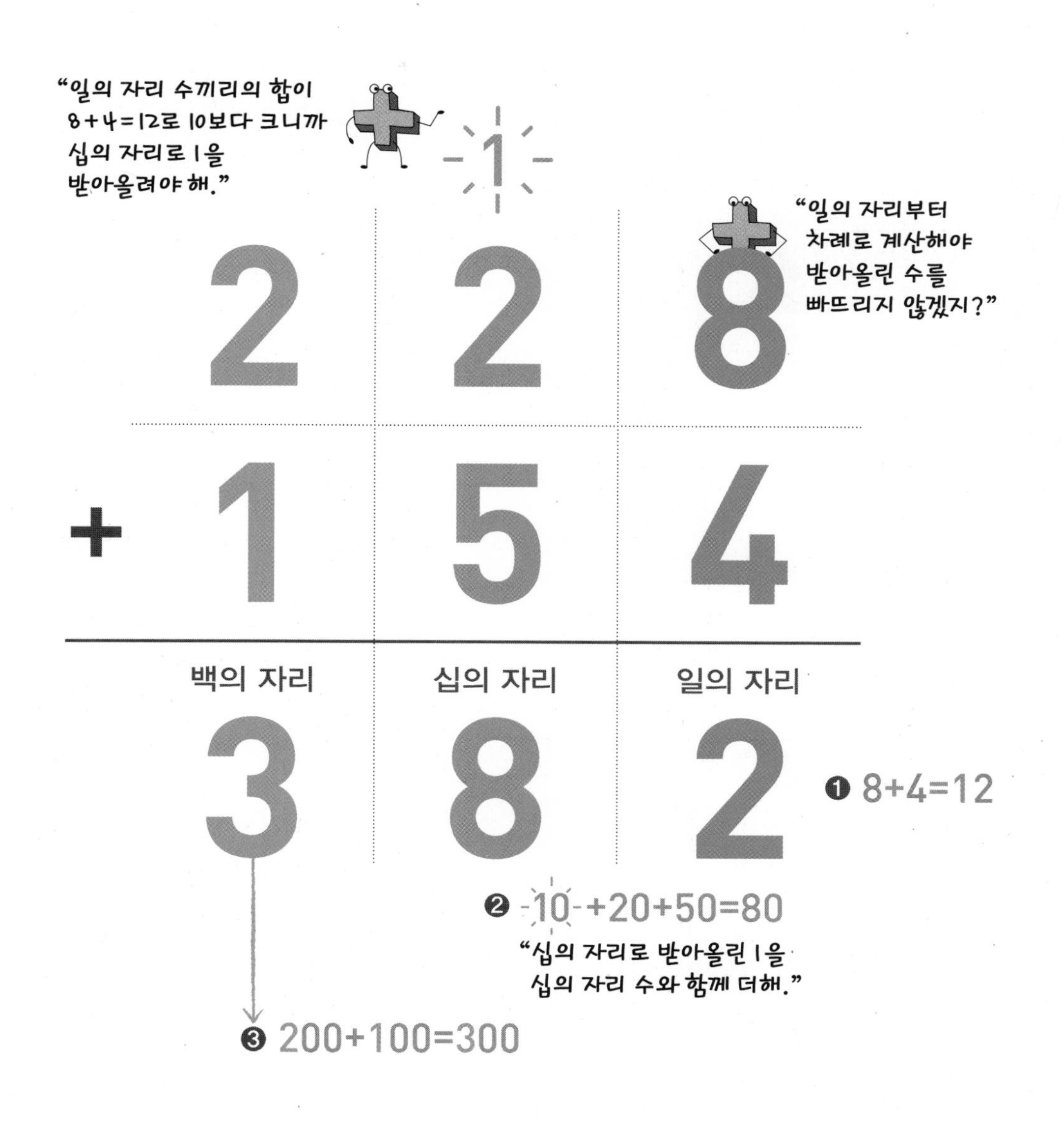

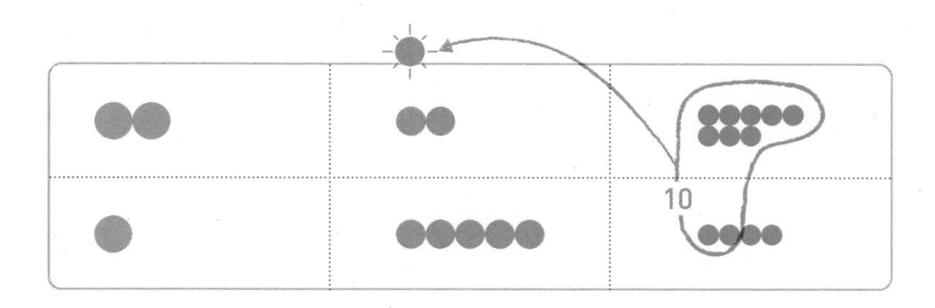

백 십 일

01 세로셈

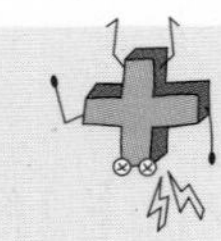

● 덧셈을 해 보세요.

받아올린 수를 작게 써요.

①

	❸	❷	❶
		1	
	3	0	7
+	4	1	7
	7	2	4

❶ 7+7=14
❷ 10+10=20
❸ 300+400=700

②

	❸	❷	❶
		1	
	2	4	4
+	5	3	7

❶ 4+7=11
❷ 1+4+3=8
❸ 2+5=7

③

	6	7	0
+	8	0	2

백의 자리에서 받아올림한 수를 천의 자리에 써요.

④ 405 + 205

⑤ 207 + 533

⑥ 103 + 209

⑦ 364 + 407

⑧ 769 + 221

⑨ 434 + 326

⑩ 235 + 235

⑪ 428 + 137

⑫ 755 + 238

⑬ 518 + 469

⑭ 138 + 638

⑮ 546 + 227

⑯ 280 + 320

⑰ 160 + 740

⑱ 254 + 254

⑲ $\begin{array}{r} 673 \\ +\ 235 \\ \hline \end{array}$

⑳ $\begin{array}{r} 799 \\ +\ 110 \\ \hline \end{array}$

㉑ $\begin{array}{r} 474 \\ +\ 360 \\ \hline \end{array}$

㉒ $\begin{array}{r} 290 \\ +\ 497 \\ \hline \end{array}$

㉓ $\begin{array}{r} 186 \\ +\ 641 \\ \hline \end{array}$

㉔ $\begin{array}{r} 365 \\ +\ 184 \\ \hline \end{array}$

㉕ $\begin{array}{r} 467 \\ +\ 462 \\ \hline \end{array}$

㉖ $\begin{array}{r} 492 \\ +\ 135 \\ \hline \end{array}$

㉗ $\begin{array}{r} 242 \\ +\ 674 \\ \hline \end{array}$

㉘ $\begin{array}{r} 500 \\ +\ 500 \\ \hline \end{array}$

㉙ $\begin{array}{r} 101 \\ +\ 940 \\ \hline \end{array}$

㉚ $\begin{array}{r} 680 \\ +\ 705 \\ \hline \end{array}$

㉛ $\begin{array}{r} 830 \\ +\ 450 \\ \hline \end{array}$

㉜ $\begin{array}{r} 460 \\ +\ 910 \\ \hline \end{array}$

㉝ $\begin{array}{r} 831 \\ +\ 967 \\ \hline \end{array}$

㉞ $\begin{array}{r} 363 \\ +\ 723 \\ \hline \end{array}$

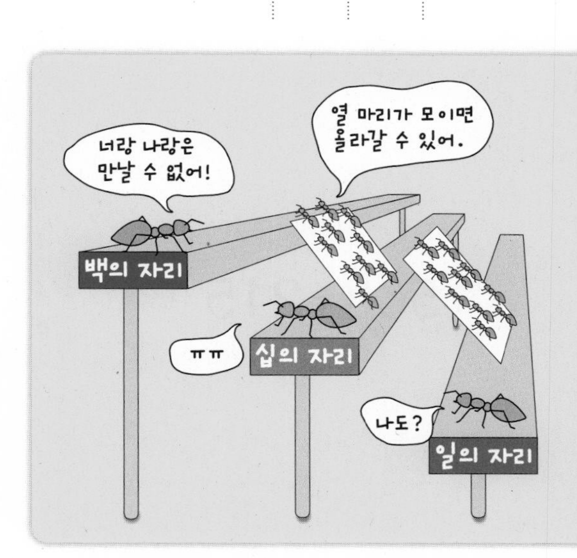

덧셈의 원리

02 가로셈

세로셈으로 쓰면 더 정확하게 계산할 수 있어.

● 세로셈으로 쓰고 덧셈을 해 보세요.

① 504+206

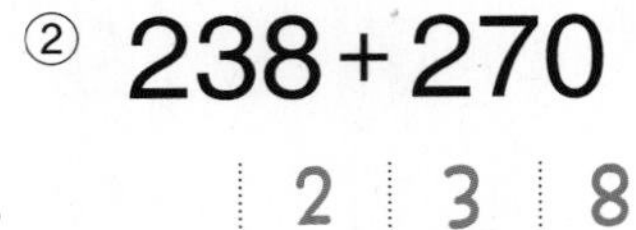

	5	0	4
+	2	0	6
	7	1	0

② 238+270

	2	3	8
+	2	7	0

③ 501+555

④ 407+315

⑤ 723+108

⑥ 328+328

⑦ 416+327

⑧ 826+135

⑨ 239+546

⑩ 568+215

⑪ 349+119

⑫ 678+218

⑬ $280+230$

⑭ $740+182$

⑮ $151+650$

⑯ $532+296$

⑰ $256+181$

⑱ $677+170$

⑲ $900+100$

⑳ $730+820$

㉑ $540+706$

㉒ $913+222$

㉓ $672+814$

㉔ $534+534$

03 정해진 수 더하기

● 덧셈을 해 보세요.

① 160을 더해 보세요.

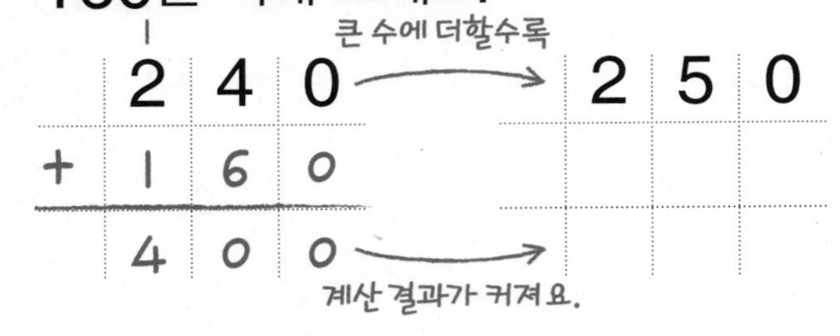

250 260 270

② 308을 더해 보세요.

505 506 507 508

③ 521을 더해 보세요.

523 623 723 823

④ 167을 더해 보세요.

610 615 620 625

⑤ 374를 더해 보세요.

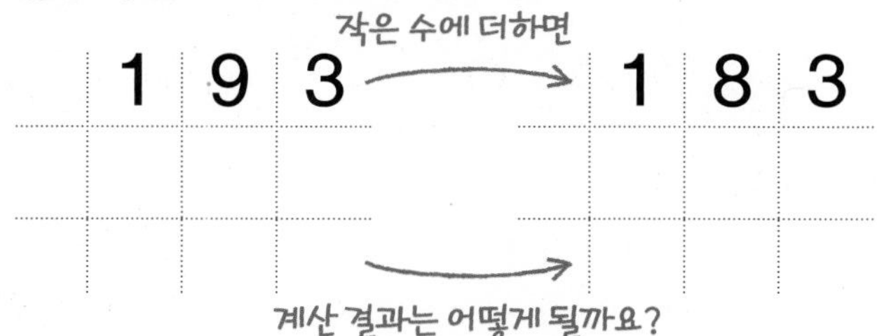

1	8	3

1	7	3

1	6	3

⑥ 215를 더해 보세요.

2	7	9

2	7	8

2	7	7

2	7	6

⑦ 915를 더해 보세요.

7	6	4

5	6	4

3	6	4

1	6	4

⑧ 293을 더해 보세요.

6	5	2

6	0	2

5	5	2

5	0	2

04 여러 가지 수 더하기

● 덧셈을 해 보세요.

① 105 + 5 = 110

105 + 15 = 120

105 + 115 =

더하는 수가 커지면 / 계산 결과가 커져요.

② 700 + 300 =

700 + 400 =

700 + 500 =

③ 214 + 7 =

214 + 77 =

214 + 777 =

④ 531 + 705 =

531 + 805 =

531 + 905 =

⑤ 650 + 162 =

650 + 182 =

650 + 202 =

⑥ 632 + 158 =

632 + 208 =

632 + 258 =

⑦ 887 + 102 =

887 + 103 =

887 + 104 =

⑧ 685 + 205 =

685 + 207 =

685 + 209 =

⑨ 407+107=

407+106=

407+105=

더하는 수가 작아지면 계산 결과는 어떻게 될까요?

⑩ 545+600=

545+500=

545+400=

⑪ 251+560=

251+550=

251+540=

⑫ 154+350=

154+300=

154+250=

⑬ 604+910=

604+810=

604+710=

⑭ 513+194=

513+192=

513+190=

⑮ 490+222=

490+ 22 =

490+ 2 =

⑯ 875+119=

875+ 19 =

875+ 9 =

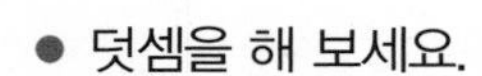

05 다르면서 같은 덧셈

● 덧셈을 해 보세요.

① 150+150= 300

250+ 50=

커지는 만큼 작아져요.

② 330+170=

430+ 70=

③ 280+228=

380+128=

④ 391+310=

591+110=

⑤ 401+109=

402+108=

⑥ 499+110=

500+109=

⑦ 815+115=

820+110=

⑧ 548+260=

550+258=

⑨ 401+601=☐

501+☐=1002

⑩ 179+103=☐

180+☐=282

⑪ $302+208=$

$300+210=$

작아지는 만큼 커져요.

⑫ $231+509=$

$230+510=$

⑬ $415+415=$

$410+420=$

⑭ $405+126=$

$400+131=$

⑮ $410+191=$

$400+201=$

⑯ $600+203=$

$590+213=$

⑰ $380+323=$

$370+333=$

⑱ $531+280=$

$511+300=$

⑲ $511+190=\square$

$510+\square=701$

⑳ $735+205=\square$

$725+\square=940$

영수증에 적힌 금액을 세로셈처럼 생각해 봐.

06 영수증의 합계 구하기

● 합계 금액을 구해 보세요.

①

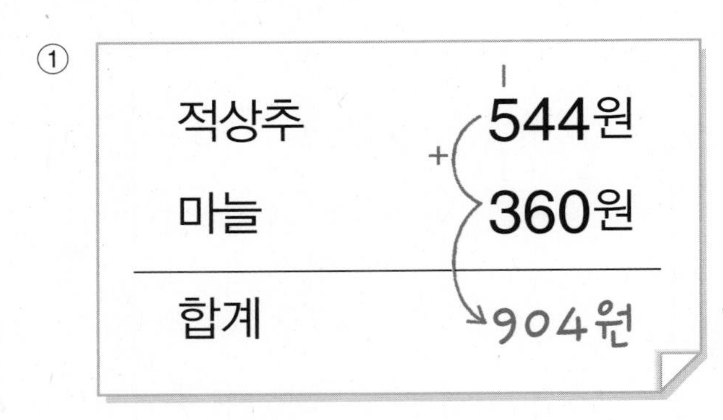

②

감자칩 623원

막대사탕 239원

합계

③

샤프심 230원

샤프 485원

합계

④

송이버섯 505원

표고버섯 345원

합계

⑤

우유 467원

요거트 440원

합계

⑥

바늘 307원

실 215원

합계

⑦

고무공		250원
요요	+	553원
딱지		100원
합계		

받아올리는 수는 1보다 클 수도 있어요.

⑧

콩나물	507원
쪽파	207원
당근	217원
합계	

⑨

아이스크림	405원
젤리	244원
껌	111원
합계	

⑩

청테이프	580원
고무줄	142원
구슬	180원
합계	

⑪

감자	220원
시금치	467원
양파	800원
합계	

⑫

삼각자	345원
컴퍼스	800원
가위	212원
합계	

덧셈의 성질

07 같은 덧셈식 만들기

● 위의 덧셈식을 이용하여 아래 덧셈식을 완성해 보세요.

① 105 + 678 = 783

❶ 105와 678의 합은 783

678 + 105 = 783

❷ 783은 678과 105의 합

② 361 + 254 = ____

254 + ____ = ____

③ 425 + 282 = ____

282 + ____ = ____

④ 266 + 527 = ____

527 + ____ = ____

⑤ 293 + 243 = ____

243 + ____ = ____

⑥ 438 + 346 = ____

346 + ____ = ____

⑦ 792 + 193 = ____

193 + ____ = ____

⑧ 514 + 479 = ____

479 + ____ = ____

⑨ 557 + 631 = ____

631 + ____ = ____

⑩ 732 + 815 = ____

815 + ____ = ____

08 등식 완성하기

'='의 양쪽은 같아.

● '='의 양쪽이 같게 되도록 빈칸에 알맞은 수를 써 보세요.

① $404+208 = 600+$ 12

612

612가 되려면 12를 더해야 해요.

② $208+303 = 500+$ ____

③ $320+180 = 100+$ ____

④ $550+250 = 100+$ ____

⑤ $260+340 = 500+$ ____

⑥ $610+290 = 800+$ ____

⑦ $105+675 = 80+$ ____

⑧ $427+207 = 34+$ ____

⑨ $270+440 = 600+$ ____

⑩ $330+190 = 400+$ ____

⑪ $360+260 = 120+$ ____

⑫ $280+470 = 150+$ ____

⑬ $800+500 = 1000+$ ____

⑭ $700+800 = 1000+$ ____

=(등호)는 수평인 저울처럼 양쪽이 같다는 뜻이야.

+3 받아올림이 두 번 있는 (세 자리 수)+(세 자리 수)

일차	번호	제목	쪽	내용
1일차	01	세로셈	p36	덧셈의 원리 ▶ 계산 방법과 자릿값의 이해
2일차	02	가로셈	p38	덧셈의 원리 ▶ 계산 방법과 자릿값의 이해
	03	합하면 모두 얼마나 될까?	p40	덧셈의 원리 ▶ 합병
3일차	04	늘어나면 모두 얼마가 될까?	p41	덧셈의 원리 ▶ 첨가
	05	여러 가지 수 더하기	p42	덧셈의 원리 ▶ 계산 원리 이해
4일차	06	다르면서 같은 덧셈	p44	덧셈의 원리 ▶ 계산 원리 이해
	07	편리한 방법으로 더하기	p46	덧셈의 감각 ▶ 수의 조작
5일차	08	학용품 고르기	p48	덧셈의 활용 ▶ 상황에 맞는 덧셈
	09	1000이 되는 식 완성하기	p49	덧셈의 감각 ▶ 수의 조작

각 자리 수끼리의 합이 10이거나 10보다 크면 윗자리로 받아올림해.

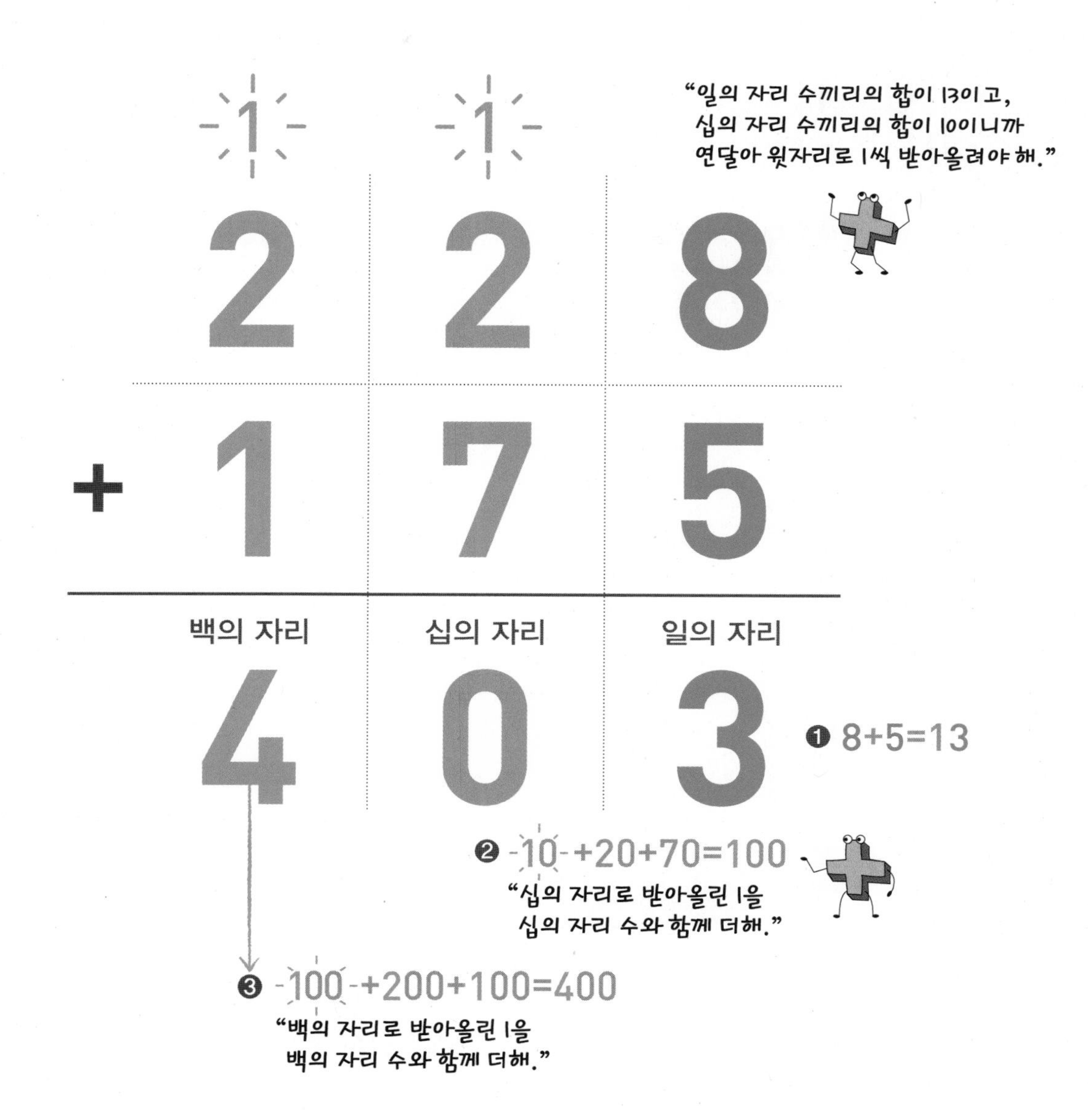

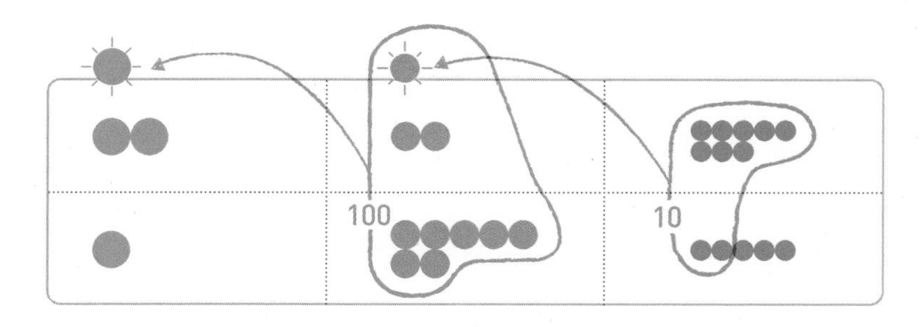

백 십 일

01 세로셈

세로셈이니까 각 자리의 수끼리 더하기 편리하겠지?

● 덧셈을 해 보세요.

①
	6	0	4
+	2	9	6
	9	0	0

❶ 4+6=10
❷ 10+90=100
❸ 100+600+200=900

②
	5	7	4
+	3	6	8

❶ 4+8=12
❷ 1+7+6=14
❸ 1+5+3=9

③
	8	7	0
+	5	5	0

④
	4	9	5
+	2	0	5

⑤
	3	2	7
+	1	7	3

⑥
	6	4	6
+	1	5	4

⑦
	5	2	1
+	1	8	9

⑧
	2	5	2
+	2	9	8

⑨
	3	8	4
+	4	3	6

⑩
	1	7	8
+	2	2	7

⑪
	4	3	6
+	3	6	6

⑫
	3	8	6
+	4	1	5

⑬
	2	8	8
+	1	2	9

⑭
	6	5	6
+	1	5	8

⑮
	5	3	7
+	2	7	7

⑯
	4	3	6
+	3	9	9

⑰
	3	7	8
+	3	7	5

⑱
	3	4	8
+	5	7	8

⑲ 450 + 550

⑳ 610 + 390

㉑ 220 + 780

㉒ 440 + 660

㉓ 930 + 470

㉔ 890 + 710

㉕ 819 + 423

㉖ 237 + 858

㉗ 616 + 907

㉘ 671 + 358

㉙ 651 + 862

㉚ 285 + 731

㉛ 745 + 484

㉜ 512 + 593

㉝ 782 + 782

㉞ 596 + 992

㉟ 555 + 751

㊱ 564 + 883

덧셈의 원리

02 가로셈

세로셈으로 쓰면 더 정확하게 계산할 수 있어.

● 세로셈으로 쓰고 덧셈을 해 보세요.

① 397 + 105

	1	1	
	3	9	7
+	1	0	5
	5	0	2

② 640 + 360

	6	4	0
+	3	6	0

③ 651 + 249

④ 208 + 592

⑤ 364 + 356

⑥ 193 + 237

⑦ 285 + 625

⑧ 479 + 123

⑨ 434 + 467

⑩ 386 + 279

⑪ 369 + 155

⑫ 386 + 445

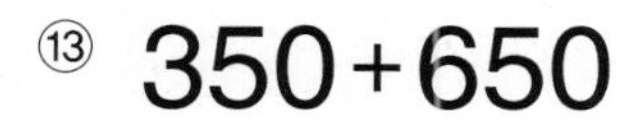

⑬ $350+650$

⑭ $490+510$

⑮ $730+870$

⑯ $840+360$

⑰ $519+731$

⑱ $941+663$

⑲ $252+956$

⑳ $423+883$

㉑ $827+281$

㉒ $433+784$

㉓ $754+695$

㉔ $644+882$

덧셈의 원리

03 합하면 모두 얼마가 될까?

● 합한 후 우유의 전체 양을 구해 보세요.

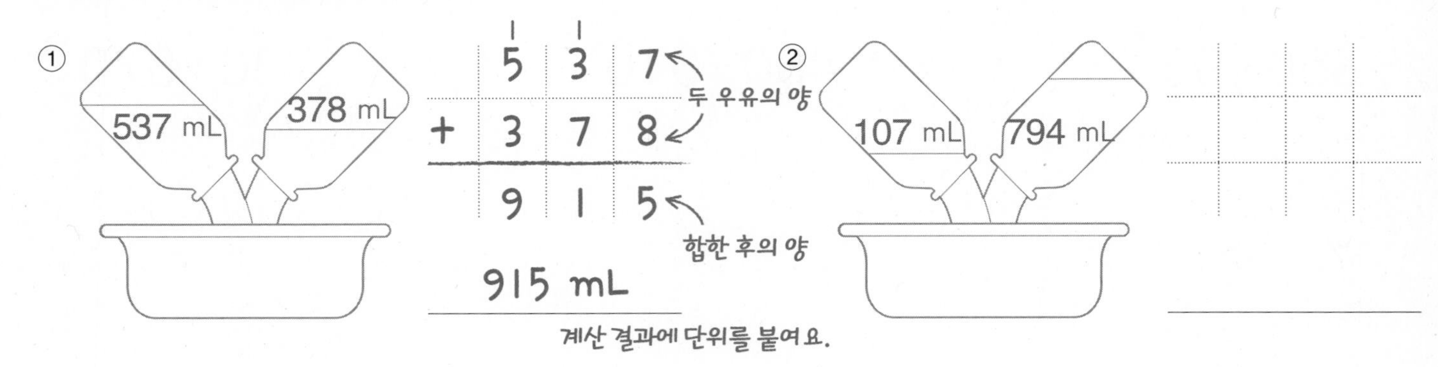

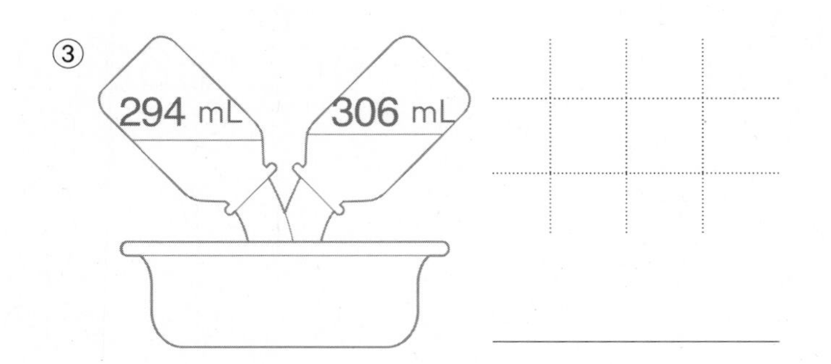

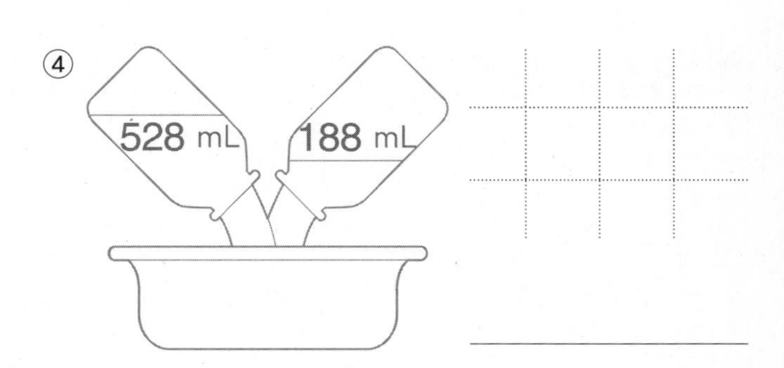

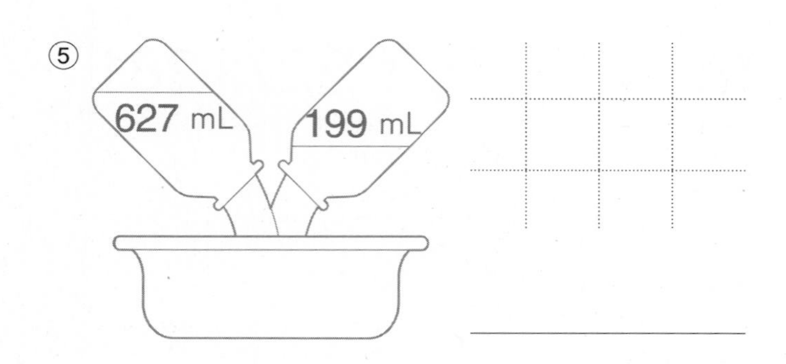

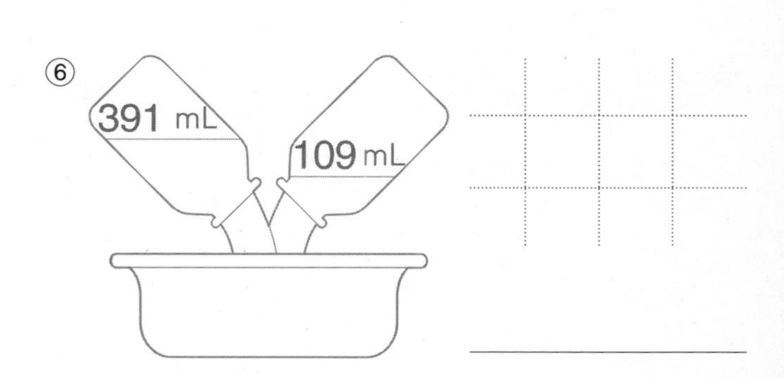

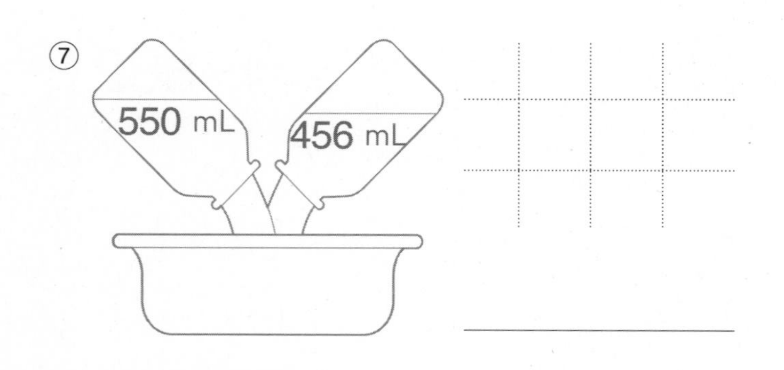

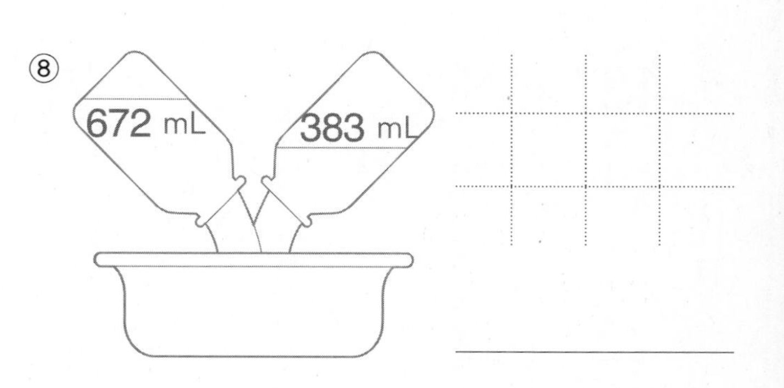

덧셈의 원리

늘어난 결과를 구할 땐 덧셈을 해.

04 늘어나면 모두 얼마가 될까?

● 늘어난 후 우유의 전체 양을 구해 보세요.

①

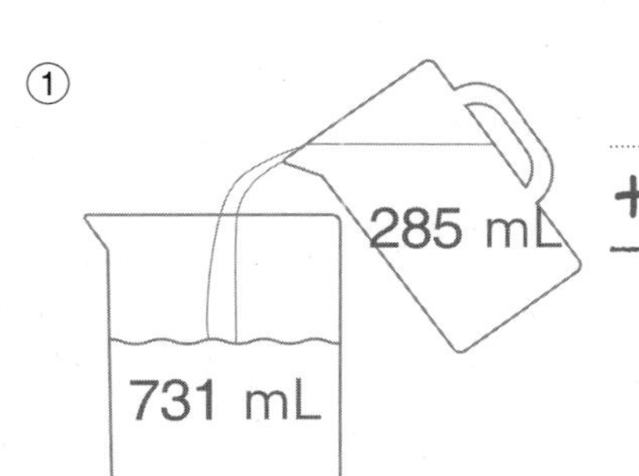

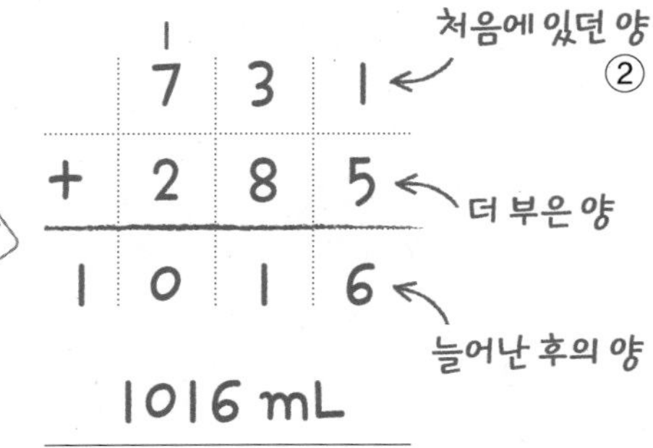

②

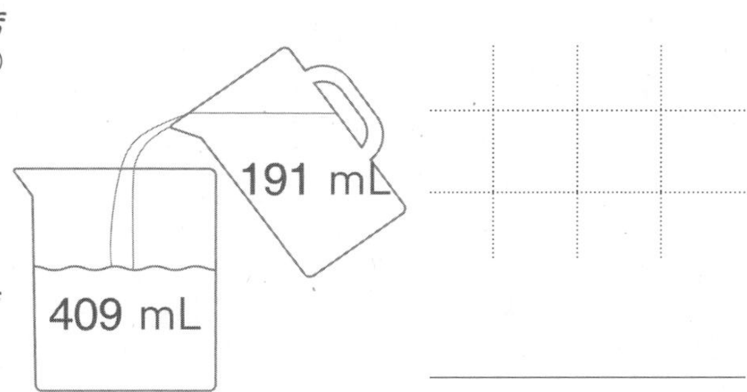

③

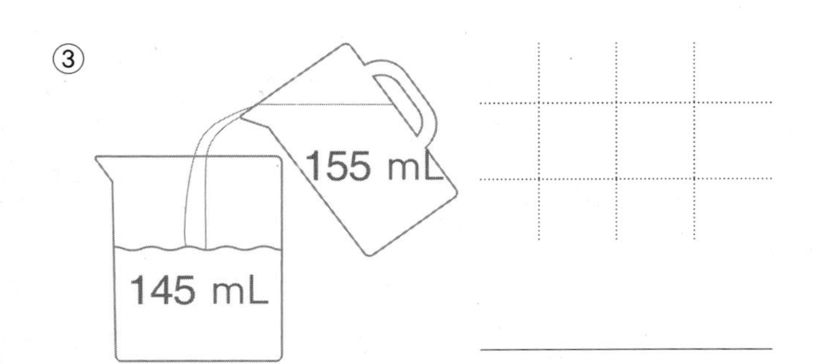

④

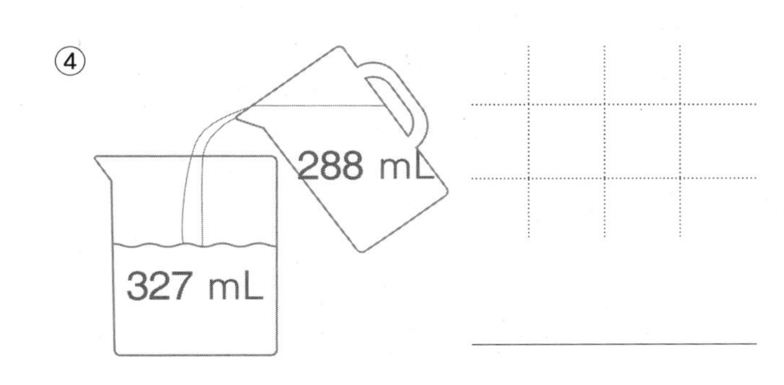

⑤

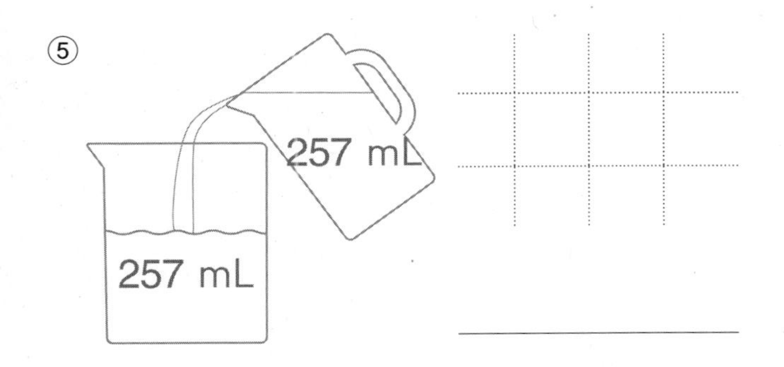

⑥

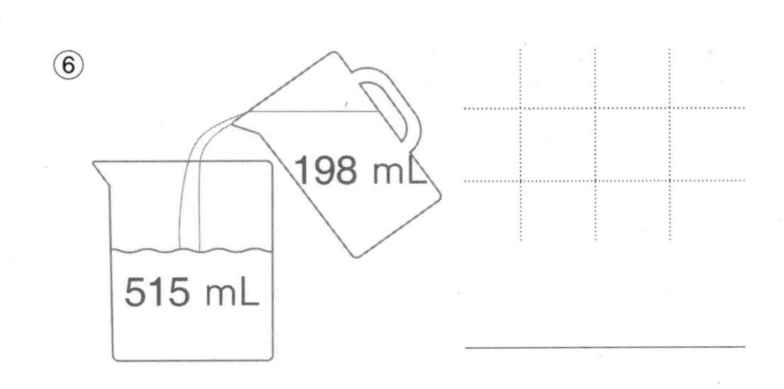

⑦

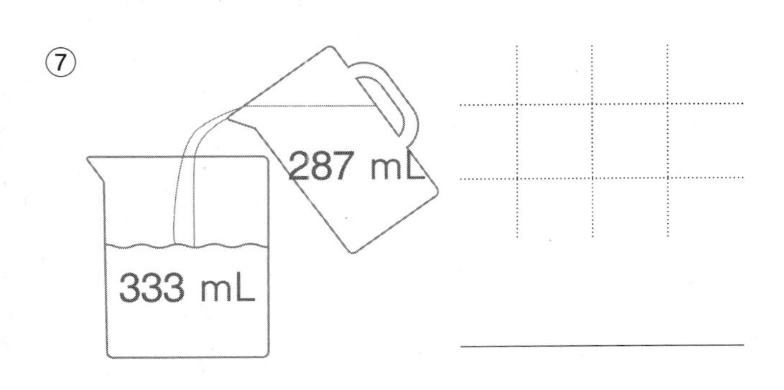

⑧

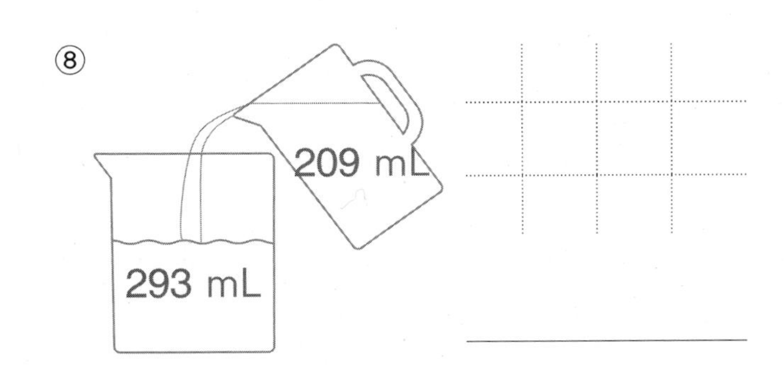

05 여러 가지 수 더하기

● 덧셈을 해 보세요.

① 245+ 5 = 250

245+ 55 = 300

245+555=

더하는 수가 커지면 / 계산 결과가 커져요.

② 134+ 7 =

134+ 77 =

134+777=

③ 370+630=

370+730=

370+830=

④ 750+284=

750+384=

750+484=

⑤ 820+190=

820+200=

820+210=

⑥ 405+185=

405+195=

405+205=

⑦ 197+103=

197+104=

197+105=

⑧ 777+580=

777+581=

777+582=

⑨ 188+840=

188+830=

188+820=

더하는 수가 작아지면 계산 결과는 어떻게 될까요?

⑩ 270+950=

270+900=

270+850=

⑪ 389+333=

389+ 33 =

389+ 3 =

⑫ 146+678=

146+ 78 =

146+ 8 =

⑬ 322+100=

322+ 99 =

322+ 98 =

⑭ 155+165=

155+160=

155+155=

⑮ 480+930=

480+830=

480+730=

⑯ 295+208=

295+108=

295+ 8 =

06 다르면서 같은 덧셈

● 덧셈을 해 보세요.

① $900+200=$ 1100

$850+250=$

작아지는 만큼 커져요.

② $250+950=$

$240+960=$

③ $560+460=$

$550+470=$

④ $800+920=$

$750+970=$

⑤ $730+680=$

$630+780=$

⑥ $690+310=$

$590+410=$

⑦ $760+480=$

$560+680=$

⑧ $890+542=$

$690+742=$

⑨ $222+378=\square$

$202+\square=600$

⑩ $347+155=\square$

$247+\square=502$

⑪ 270 + 754 =

570 + 454 =

커지는 만큼 작아져요.

⑫ 420 + 880 =

520 + 780 =

⑬ 450 + 550 =

650 + 350 =

⑭ 880 + 470 =

980 + 370 =

⑮ 704 + 198 =

705 + 197 =

⑯ 675 + 431 =

676 + 430 =

⑰ 539 + 366 =

540 + 365 =

⑱ 238 + 483 =

240 + 481 =

⑲ 740 + 890 = ☐

840 + ☐ = 1630

⑳ 644 + 187 = ☐

645 + ☐ = 831

07 편리한 방법으로 더하기

● 계산이 편리하도록 수를 바꾸어 덧셈을 해 보세요.

① 123 + 499 = ______

(+1) (−1)

123 + 500 = 623

❶ 499 대신 500을 더한 다음

❷ 계산 결과에서 1을 빼면 답을 구할 수 있어요.

② 105 + 699 = ______

(+1) (−1)

105 + ______ = ______

③ 642 + 299 = ______

(+1) (−1)

642 + ______ = ______

④ 282 + 699 = ______

(+1) (−1)

282 + ______ = ______

⑤ 423 + 199 = ______

(+1) (−1)

423 + ______ = ______

⑥ 424 + 399 = ______

(+1) (−1)

424 + ______ = ______

⑦ 265 + 598 = ______

(+2) (−2)

265 + ______ = ______

⑧ 143 + 598 = ______

(+2) (−2)

143 + ______ = ______

⑨ 254 + 197 = ______

(+3) (−3)

254 + ______ = ______

⑩ 353 + 397 = ______

(+3) (−3)

353 + ______ = ______

⑪ 599 + 299 = ____

+1 / +1 / −2

600 + 300 = 900

두 수를 각각 몇백으로 생각해서 더할 수도 있어요.

⑫ 499 + 399 = ____

+1 / +1 / −2

____ + ____ = ____

⑬ 299 + 299 = ____

+1 / +1 / −2

____ + ____ = ____

⑭ 199 + 599 = ____

+1 / +1 / −2

____ + ____ = ____

⑮ 399 + 199 = ____

+1 / +1 / −2

____ + ____ = ____

⑯ 499 + 199 = ____

+1 / +1 / −2

____ + ____ = ____

⑰ 198 + 499 = ____

+2 / +1 / −3

____ + ____ = ____

⑱ 298 + 499 = ____

+2 / +1 / −3

____ + ____ = ____

⑲ 598 + 298 = ____

+2 / +2 / −4

____ + ____ = ____

두 물건값의 합이 주어진 돈의 액수를 넘지 않아야 해.

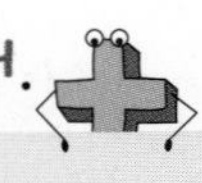

08 학용품 고르기

● 두 가지 물건을 주어진 돈으로 살 때, 살 수 있는 물건을 골라 보세요. (단, 답은 여러 가지가 될 수 있습니다.)

① 500원 지우개, 자

195+259=454(원)

② 700원 예 자, 색연필

259+341=600(원)

(지우개, 자), (지우개, 색연필)도 답이 될 수 있어요.

③ 1000원

④ 1200원

⑤ 800원

⑥ 1000원

⑦ 1200원

⑧ 1500원

10이 되는 두 수를 이용해서 1000이 되는 덧셈을 생각해 봐.

09 1000이 되는 식 완성하기

● 합이 1000이 되도록 빈칸에 알맞은 수를 써 보세요.

① 950+ 50 =1000

10은 9보다 1만큼 더 큰 수 → 1000은 900보다 100만큼 더 큰 수
10은 5보다 5만큼 더 큰 수 → 100은 50보다 50만큼 더 큰 수

② 990+ ______ =1000

③ 930+ ______ =1000

④ 980+ ______ =1000

⑤ 750+ ______ =1000

⑥ 650+ ______ =1000

⑦ 550+ ______ =1000

⑧ 350+ ______ =1000

⑨ 150+ ______ =1000

⑩ 890+ ______ =1000

⑪ 390+ ______ =1000

⑫ 480+ ______ =1000

⑬ 740+ ______ =1000

⑭ 680+ ______ =1000

⑮ 540+ ______ =1000

⑯ 290+ ______ =1000

받아올림이 세 번 있는 (세 자리 수)+(세 자리 수)

1일차
- 01 세로셈 p52 — 덧셈의 원리 ▶ 계산 방법과 자릿값의 이해

2일차
- 02 가로셈 p54 — 덧셈의 원리 ▶ 계산 방법과 자릿값의 이해

3일차
- 03 정해진 수 더하기 p56 — 덧셈의 원리 ▶ 계산 원리 이해

4일차
- 04 다르면서 같은 덧셈 p58 — 덧셈의 원리 ▶ 계산 원리 이해

5일차
- 05 편리한 방법으로 더하기 p60 — 덧셈의 감각 ▶ 수의 조작
- 06 묶어서 더하기 p62 — 덧셈의 성질 ▶ 결합법칙
- 07 1000이 되는 식 완성하기 p63 — 덧셈의 감각 ▶ 수의 조작

각 자리 수끼리의 합이 10이거나 10보다 크면 윗자리로 받아올림해.

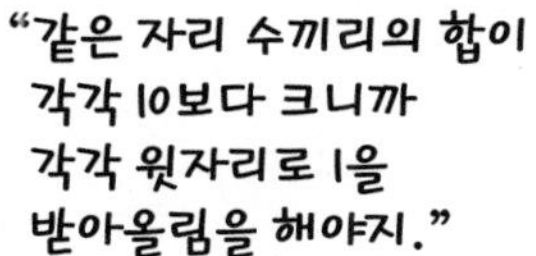
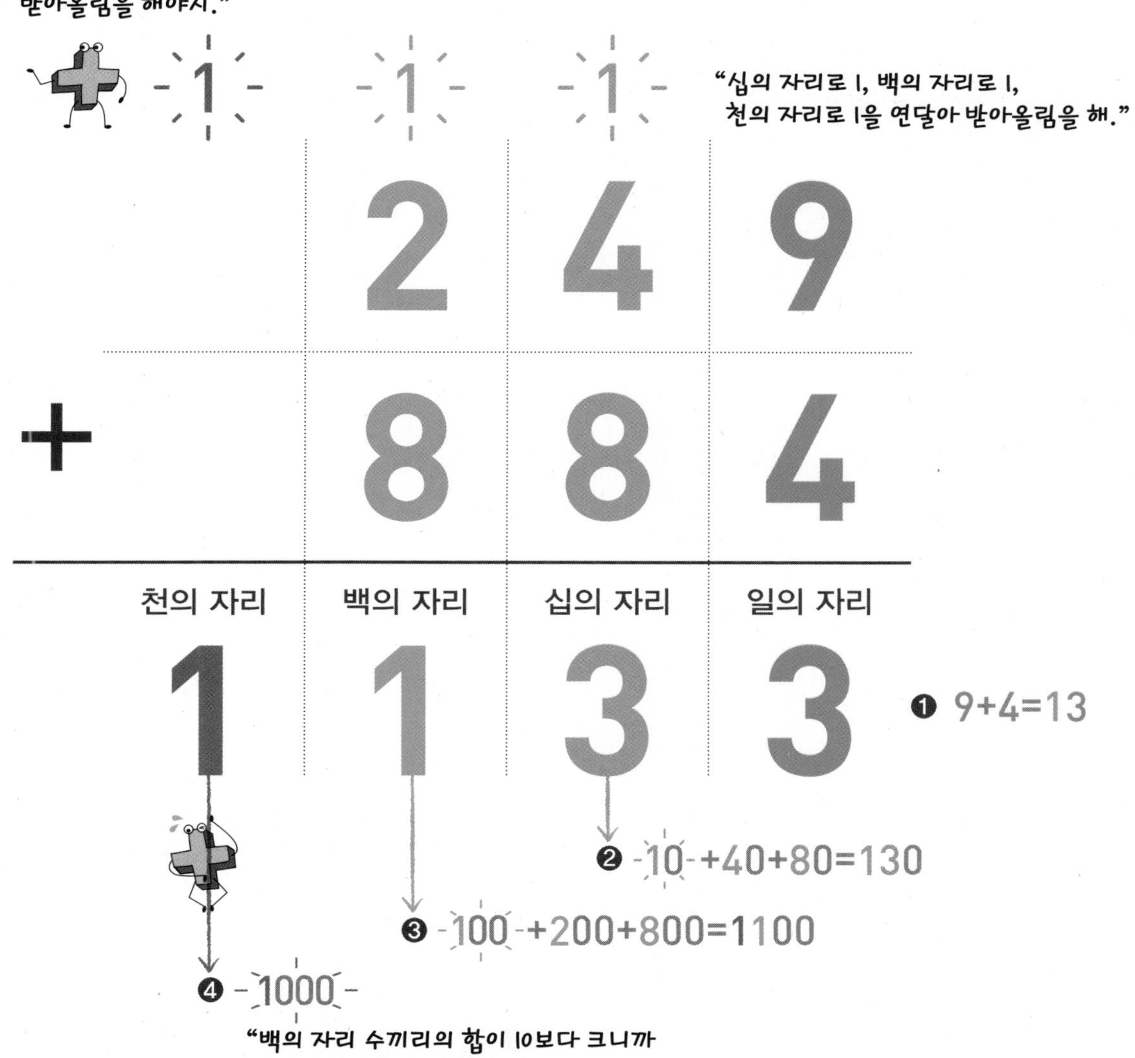

덧셈의 원리

01 세로셈

세로셈이니까 각 자리의 수끼리 더하기 편리하겠지?

● 덧셈을 해 보세요.

①
```
   3 0 1
+  6 9 9
---------
 1 0 0 0
```
❶ 1+9=10
❷ 10+90=100
❸ 100+300+600=1000

②
```
   5 7 4
+  8 7 7
---------
```
❶ 4+7=11
❷ 1+7+7=15
❸ 1+5+8=14

③
```
   9 3 8
+  1 6 8
---------
```

④
```
   4 0 7
+  5 9 3
---------
```

⑤
```
   6 9 9
+  3 0 6
---------
```

⑥
```
   2 4 9
+  7 5 3
---------
```

⑦
```
   1 7 3
+  8 2 7
---------
```

⑧
```
   5 5 5
+  4 5 5
---------
```

⑨
```
   3 3 2
+  6 8 8
---------
```

⑩
```
   7 4 3
+  4 8 7
---------
```

⑪
```
   5 7 6
+  5 7 6
---------
```

⑫
```
   4 7 2
+  8 6 9
---------
```

⑬
```
   9 3 3
+  2 8 8
---------
```

⑭
```
   6 4 7
+  3 7 9
---------
```

⑮
```
   8 9 8
+  5 9 5
---------
```

⑯
```
   5 8 6
+  5 5 7
---------
```

⑰
```
   6 7 4
+  9 8 9
---------
```

⑱
```
   8 8 9
+  1 1 1
---------
```

⑲ 253 + 859 =

⑳ 872 + 389 =

㉑ 267 + 743 =

㉒ 379 + 694 =

㉓ 869 + 568 =

㉔ 707 + 497 =

㉕ 918 + 782 =

㉖ 481 + 669 =

㉗ 669 + 481 =

㉘ 978 + 879 =

㉙ 594 + 457 =

㉚ 999 + 999 =

㉛ 487 + 865 =

㉜ 815 + 385 =

㉝ 755 + 667 =

㉞ 672 + 888 =

㉟ 806 + 799 =

㊱ 869 + 845 =

02 가로셈

세로셈으로 쓰면 더 정확하게 계산할 수 있어.

● 세로셈으로 쓰고 덧셈을 해 보세요.

① 406+695

	1	1	
	4	0	6
+	6	9	5
1	1	0	1

② 511+489

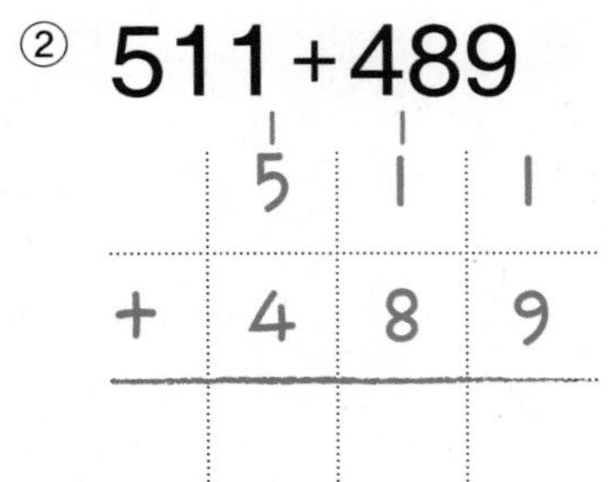

③ 486+926

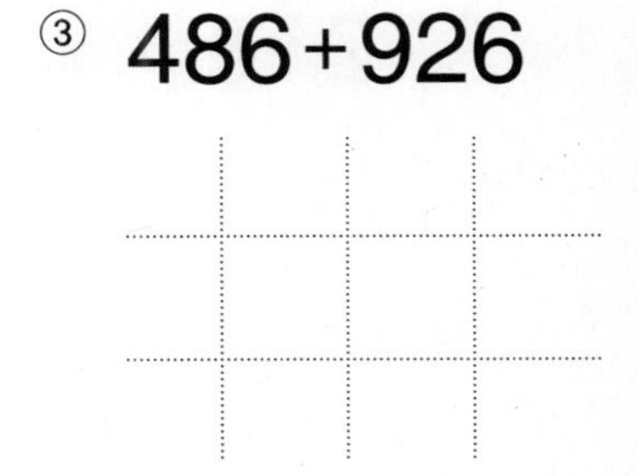

④ 632+898

⑤ 544+657

⑥ 335+777

⑦ 729+283

⑧ 555+555

⑨ 288+972

⑩ 623+787

⑪ 464+687

⑫ 852+859

⑬ 537 + 887

⑭ 579 + 579

⑮ 288 + 733

⑯ 217 + 784

⑰ 946 + 456

⑱ 857 + 785

⑲ 593 + 707

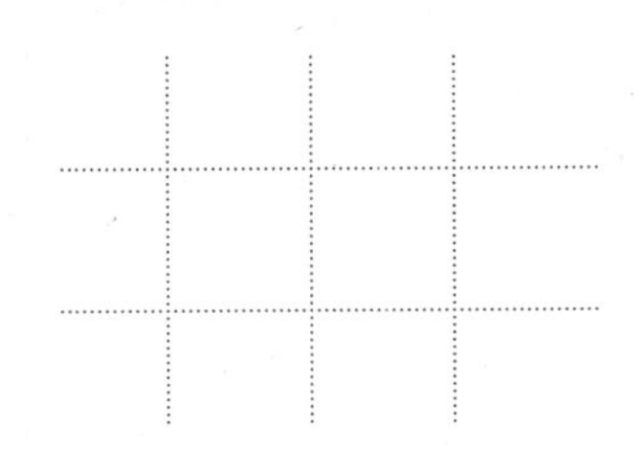

⑳ 159 + 881

㉑ 997 + 799

㉒ 493 + 697

㉓ 742 + 459

㉔ 589 + 716

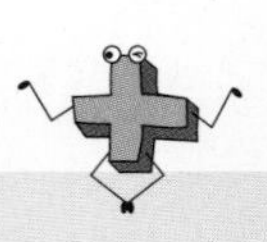

03 정해진 수 더하기

● 덧셈을 해 보세요.

① 629를 더해 보세요.

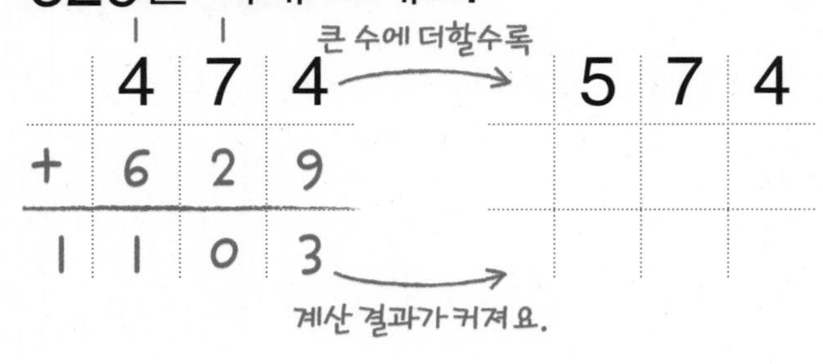

6 7 4

7 7 4

② 935를 더해 보세요.

5 6 5

5 7 5

5 8 5

5 9 5

③ 274를 더해 보세요.

7 2 6

7 2 7

7 2 8

7 2 9

④ 572를 더해 보세요.

8 0 0

8 0 8

8 8 0

8 8 8

⑤ 369를 더해 보세요.

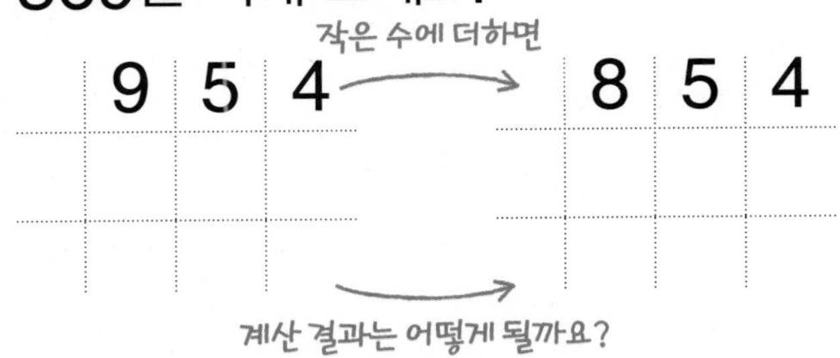

7	5	4

6	5	4

⑥ 597을 더해 보세요.

9	0	9

8	9	9

8	8	9

8	7	9

⑦ 446을 더해 보세요.

8	8	5

8	8	0

8	7	5

8	7	0

⑧ 738을 더해 보세요.

4	7	0

4	0	7

4	0	0

04 다르면서 같은 덧셈

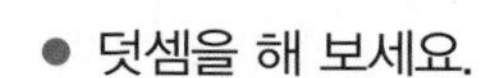

● 덧셈을 해 보세요.

① $500+600=$ 1100

$501+599=$

커지는 만큼 작아져요.

② $699+411=$

$700+410=$

③ $789+314=$

$790+313=$

④ $345+965=$

$350+960=$

⑤ $939+961=$

$949+951=$

⑥ $644+877=$

$654+867=$

⑦ $585+535=$

$595+525=$

⑧ $855+776=$

$905+726=$

⑨ $888+888=\square$

$890+\square=1776$

⑩ $243+757=\square$

$253+\square=1000$

⑪ $555+948=$

$545+958=$

작아지는 만큼 커져요.

⑫ $468+882=$

$458+892=$

⑬ $845+577=$

$835+587=$

⑭ $918+898=$

$908+908=$

⑮ $645+676=$

$545+776=$

⑯ $976+729=$

$876+829=$

⑰ $355+752=$

$155+952=$

⑱ $715+799=$

$515+999=$

⑲ $564+446=\square$

$554+\square=1010$

⑳ $419+791=\square$

$319+\square=1210$

05 편리한 방법으로 더하기

● 계산이 편리하도록 수를 바꾸어 덧셈을 해 보세요.

① 575 + 699 = ____
(699 → +1, 결과 → −1)
575 + 700 = 1275

❶ 699 대신 700을 더한 다음
❷ 계산 결과에서 1을 빼면 답을 구할 수 있어요.

② 733 + 299 = ____
(299 → +1, 결과 → −1)
733 + ____ = ____

③ 872 + 499 = ____
(499 → +1, 결과 → −1)
872 + ____ = ____

④ 745 + 698 = ____
(698 → +2, 결과 → −2)
745 + ____ = ____

⑤ 784 + 497 = ____
(497 → +3, 결과 → −3)
784 + ____ = ____

⑥ 599 + 545 = ____
(599 → +1, 결과 → −1)
____ + 545 = ____

⑦ 699 + 322 = ____
(699 → +1, 결과 → −1)
____ + 322 = ____

⑧ 899 + 552 = ____
(899 → +1, 결과 → −1)
____ + 552 = ____

⑨ 798 + 724 = ____
(798 → +2, 결과 → −2)
____ + 724 = ____

⑩ 397 + 765 = ____
(397 → +3, 결과 → −3)
____ + 765 = ____

⑪ $199 + 899 = \_\_\_\_$

+1 +1 −2

$200 + 900 = 1100$

두 수를 각각 몇백으로 생각해서 더할 수도 있어요.

⑫ $499 + 699 = \_\_\_\_$

+1 +1 −2

$\_\_\_\_ + \_\_\_\_ = \_\_\_\_$

⑬ $899 + 499 = \_\_\_\_$

+1 +1 −2

$\_\_\_\_ + \_\_\_\_ = \_\_\_\_$

⑭ $899 + 599 = \_\_\_\_$

+1 +1 −2

$\_\_\_\_ + \_\_\_\_ = \_\_\_\_$

⑮ $799 + 799 = \_\_\_\_$

+1 +1 −2

$\_\_\_\_ + \_\_\_\_ = \_\_\_\_$

⑯ $599 + 599 = \_\_\_\_$

+1 +1 −2

$\_\_\_\_ + \_\_\_\_ = \_\_\_\_$

⑰ $898 + 499 = \_\_\_\_$

+2 +1 −3

$\_\_\_\_ + \_\_\_\_ = \_\_\_\_$

⑱ $699 + 598 = \_\_\_\_$

+1 +2 −3

$\_\_\_\_ + \_\_\_\_ = \_\_\_\_$

⑲ $497 + 799 = \_\_\_\_$

+3 +1 −4

$\_\_\_\_ + \_\_\_\_ = \_\_\_\_$

⑳ $898 + 898 = \_\_\_\_$

+2 +2 −4

$\_\_\_\_ + \_\_\_\_ = \_\_\_\_$

덧셈에서는 순서를 다르게 묶어 계산해도 계산 결과가 같아.

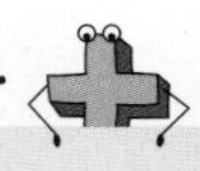

06 묶어서 더하기

● 순서대로 계산하고 계산 결과를 비교해 보세요.

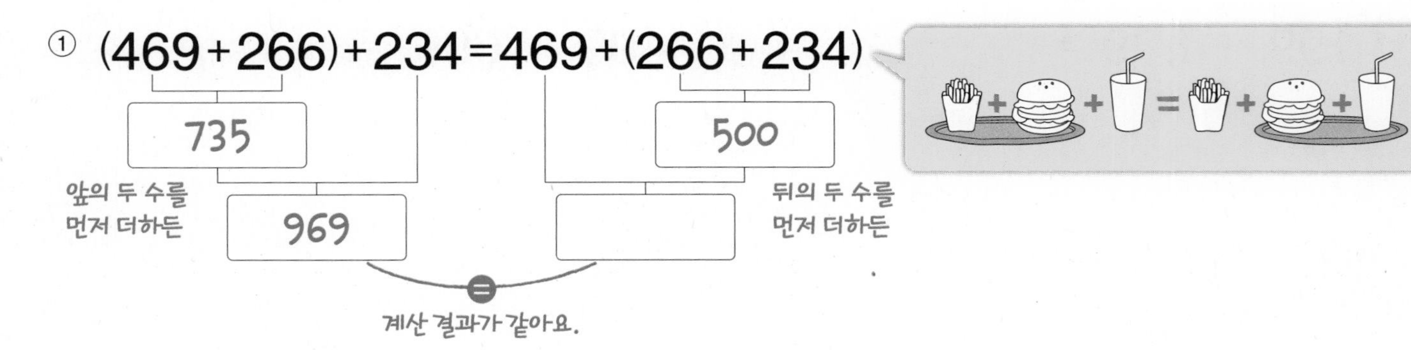

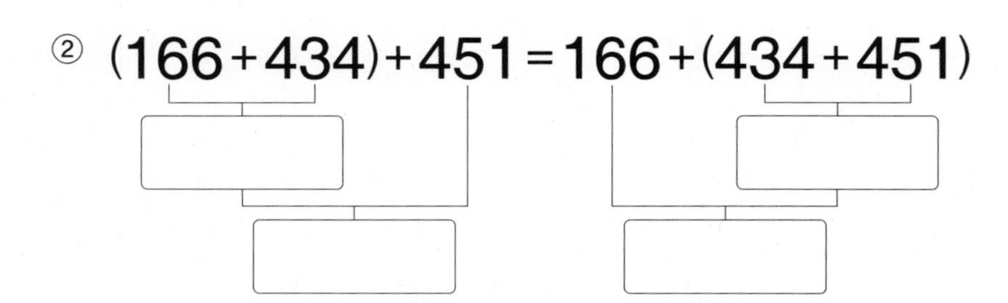

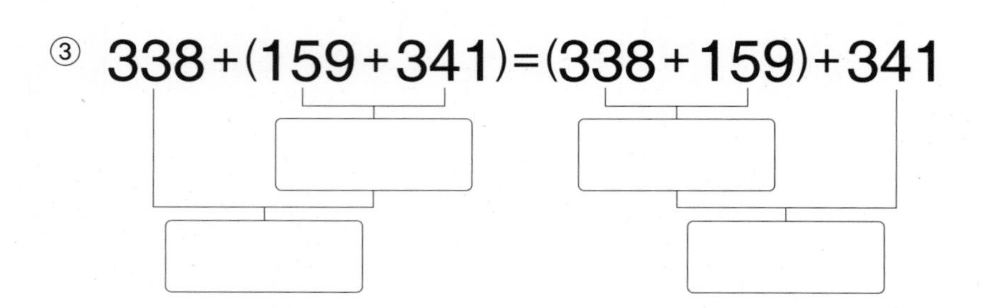

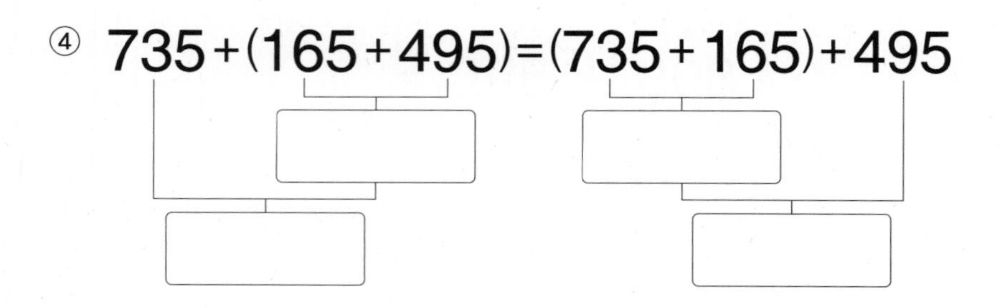

10이 되는 두 수를 이용해서 1000이 되는 덧셈을 생각해 봐.

07 1000이 되는 식 완성하기

● 합이 1000이 되도록 빈칸에 알맞은 수를 써 보세요.

① 995 + 5 = 1000

1000은 900보다 100만큼 더 큰 수
100은 90보다 10만큼 더 큰 수
10은 5보다 5만큼 더 큰 수

② 993 + ______ = 1000

③ 991 + ______ = 1000

④ 975 + ______ = 1000

⑤ 965 + ______ = 1000

⑥ 935 + ______ = 1000

⑦ 895 + ______ = 1000

⑧ 875 + ______ = 1000

⑨ 855 + ______ = 1000

⑩ 815 + ______ = 1000

⑪ 655 + ______ = 1000

⑫ 555 + ______ = 1000

⑬ 695 + ______ = 1000

⑭ 715 + ______ = 1000

⑮ 325 + ______ = 1000

⑯ 535 + ______ = 1000

5 받아내림이 없는 (세 자리 수)−(세 자리 수)

일차	번호	제목	쪽	내용
1일차	01	세로셈	p66	뺄셈의 원리 ▶ 계산 방법과 자릿값의 이해
2일차	02	가로셈	p68	뺄셈의 원리 ▶ 계산 방법과 자릿값의 이해
3일차	03	얼마나 더 많을까?	p70	뺄셈의 원리 ▶ 차이
	04	얼마나 마셨을까?	p71	뺄셈의 원리 ▶ 제거
4일차	05	여러 가지 수 빼기	p72	뺄셈의 원리 ▶ 계산 원리 이해
5일차	06	네 가지 식 만들기	p74	덧셈과 뺄셈의 성질 ▶ 덧셈과 뺄셈의 관계

일의 자리 수끼리, 십의 자리 수끼리, 백의 자리 수끼리 빼.

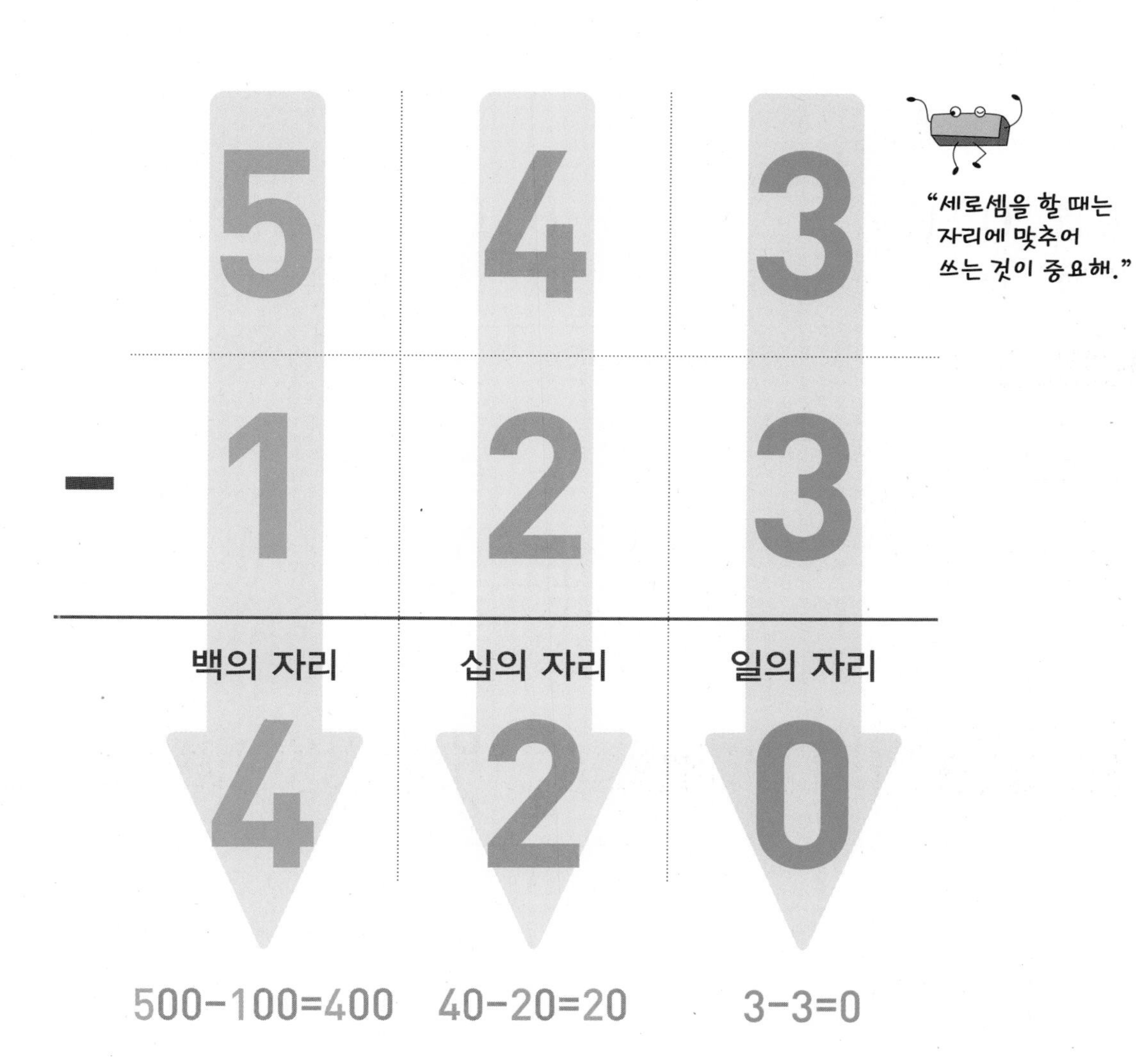

뺄셈의 원리

01 세로셈

● 뺄셈을 해 보세요.

① $\begin{array}{r} 5\,8\,9 \\ -\ 3\,8\,3 \\ \hline 2\,0\,6 \end{array}$

9−3=6
80−80=0
500−300=200

② $\begin{array}{r} 9\,6\,4 \\ -\ 2\,0\,0 \\ \hline \end{array}$

4−0=4
6−0=6
9−2=7

③ $\begin{array}{r} 7\,0\,0 \\ -\ 4\,0\,0 \\ \hline \end{array}$

④ $\begin{array}{r} 6\,0\,0 \\ -\ 2\,0\,0 \\ \hline \end{array}$

⑤ $\begin{array}{r} 8\,0\,0 \\ -\ 2\,0\,0 \\ \hline \end{array}$

⑥ $\begin{array}{r} 2\,8\,0 \\ -\ 1\,0\,0 \\ \hline \end{array}$

⑦ $\begin{array}{r} 6\,0\,2 \\ -\ 6\,0\,0 \\ \hline \end{array}$

⑧ $\begin{array}{r} 7\,0\,7 \\ -\ 3\,0\,6 \\ \hline \end{array}$

⑨ $\begin{array}{r} 4\,0\,9 \\ -\ 2\,0\,5 \\ \hline \end{array}$

⑩ $\begin{array}{r} 8\,8\,0 \\ -\ 5\,2\,0 \\ \hline \end{array}$

⑪ $\begin{array}{r} 8\,8\,0 \\ -\ 4\,4\,0 \\ \hline \end{array}$

⑫ $\begin{array}{r} 7\,2\,1 \\ -\ 7\,2\,1 \\ \hline \end{array}$

⑬ $\begin{array}{r} 9\,3\,2 \\ -\ 6\,0\,0 \\ \hline \end{array}$

⑭ $\begin{array}{r} 2\,7\,6 \\ -\ 1\,0\,0 \\ \hline \end{array}$

⑮ $\begin{array}{r} 6\,9\,8 \\ -\ 3\,7\,0 \\ \hline \end{array}$

⑯ $\begin{array}{r} 3\,1\,9 \\ -\ 2\,0\,7 \\ \hline \end{array}$

⑰ $\begin{array}{r} 3\,1\,8 \\ -\ 3\,0\,6 \\ \hline \end{array}$

⑱ $\begin{array}{r} 3\,6\,7 \\ -\ 2\,5\,0 \\ \hline \end{array}$

⑲ $\begin{array}{r} 375 \\ -\ 165 \\ \hline \end{array}$

⑳ $\begin{array}{r} 434 \\ -\ 112 \\ \hline \end{array}$

㉑ $\begin{array}{r} 635 \\ -\ 323 \\ \hline \end{array}$

㉒ $\begin{array}{r} 267 \\ -\ 251 \\ \hline \end{array}$

㉓ $\begin{array}{r} 839 \\ -\ 324 \\ \hline \end{array}$

㉔ $\begin{array}{r} 586 \\ -\ 181 \\ \hline \end{array}$

㉕ $\begin{array}{r} 999 \\ -\ 879 \\ \hline \end{array}$

㉖ $\begin{array}{r} 593 \\ -\ 232 \\ \hline \end{array}$

㉗ $\begin{array}{r} 979 \\ -\ 118 \\ \hline \end{array}$

㉘ $\begin{array}{r} 435 \\ -\ 422 \\ \hline \end{array}$

㉙ $\begin{array}{r} 747 \\ -\ 747 \\ \hline \end{array}$

㉚ $\begin{array}{r} 528 \\ -\ 127 \\ \hline \end{array}$

㉛ $\begin{array}{r} 866 \\ -\ 164 \\ \hline \end{array}$

㉜ $\begin{array}{r} 829 \\ -\ 611 \\ \hline \end{array}$

㉝ $\begin{array}{r} 336 \\ -\ 325 \\ \hline \end{array}$

㉞ $\begin{array}{r} 399 \\ -\ 178 \\ \hline \end{array}$

㉟ $\begin{array}{r} 365 \\ -\ 243 \\ \hline \end{array}$

㊱ $\begin{array}{r} 878 \\ -\ 351 \\ \hline \end{array}$

02 가로셈

같은 자리 수끼리 뺀다는 걸 기억해.

● 뺄셈을 해 보세요.

① 820 − 220 = 600

② 700 − 300 =

③ 900 − 100 =

④ 900 − 800 =

⑤ 703 − 300 =

⑥ 604 − 100 =

⑦ 820 − 800 =

⑧ 680 − 400 =

⑨ 708 − 202 =

⑩ 504 − 302 =

⑪ 470 − 450 =

⑫ 830 − 510 =

⑬ 118 − 100 =

⑭ 985 − 600 =

⑮ 774 − 260 =

⑯ 332 − 110 =

⑰ 578 − 107 =

⑱ 654 − 201 =

⑲ 433 − 333 =

⑳ 629 − 629 =

㉑ 818 − 417 =

㉒ 243 − 141 =

㉓ 472 − 362 =

㉔ 389 − 255 =

㉕ 789 − 176 =

㉖ 544 − 413 =

㉗ 132 − 121 =

㉘ 279 − 152 =

㉙ 146 − 136 =

㉚ 682 − 222 =

㉛ 783 − 183 =

㉜ 758 − 342 =

㉝ 656 − 414 =

㉞ 296 − 296 =

㉟ 345 − 113 =

㊱ 735 − 222 =

㊲ 979 − 245 =

㊳ 564 − 544 =

㊴ 954 − 143 =

㊵ 447 − 136 =

03 얼마나 더 많을까?

● 두 주스의 양이 얼마만큼 차이 나는지 구해 보세요.

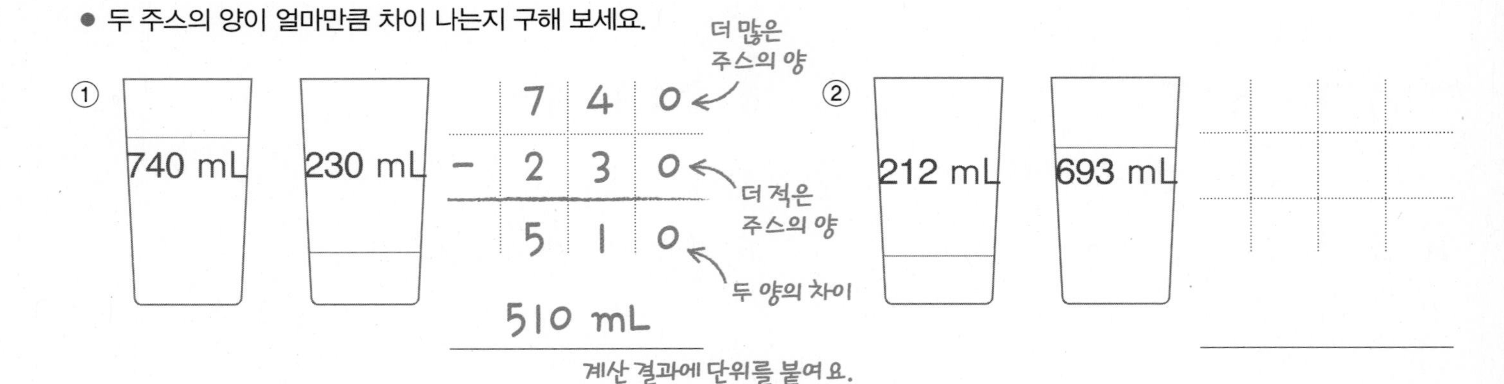

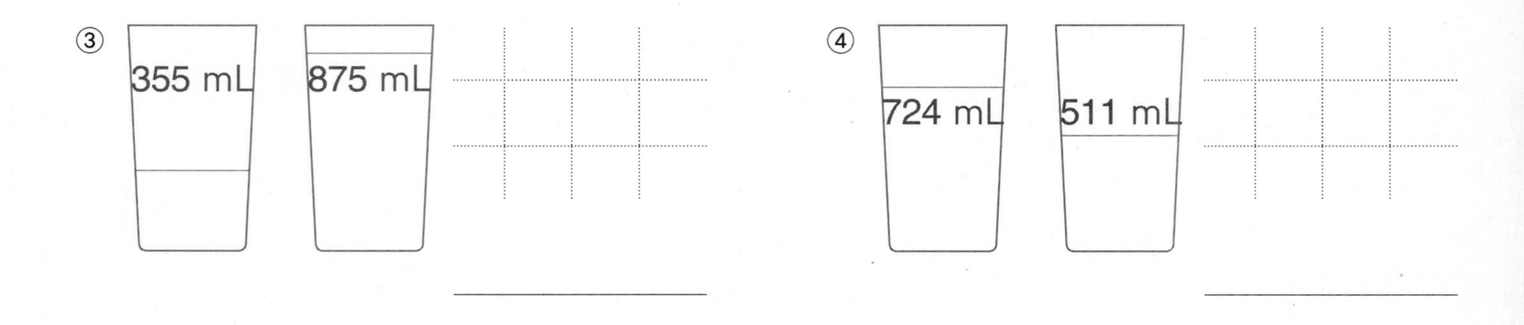

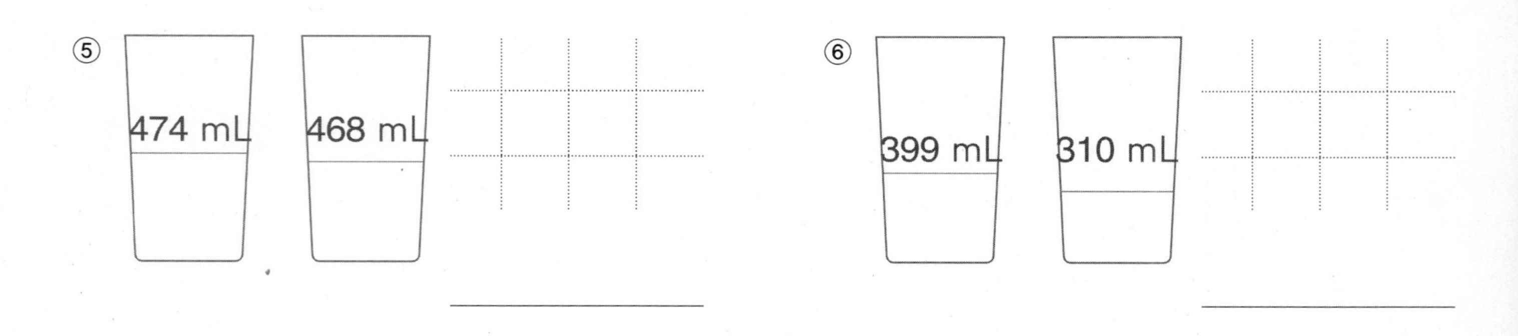

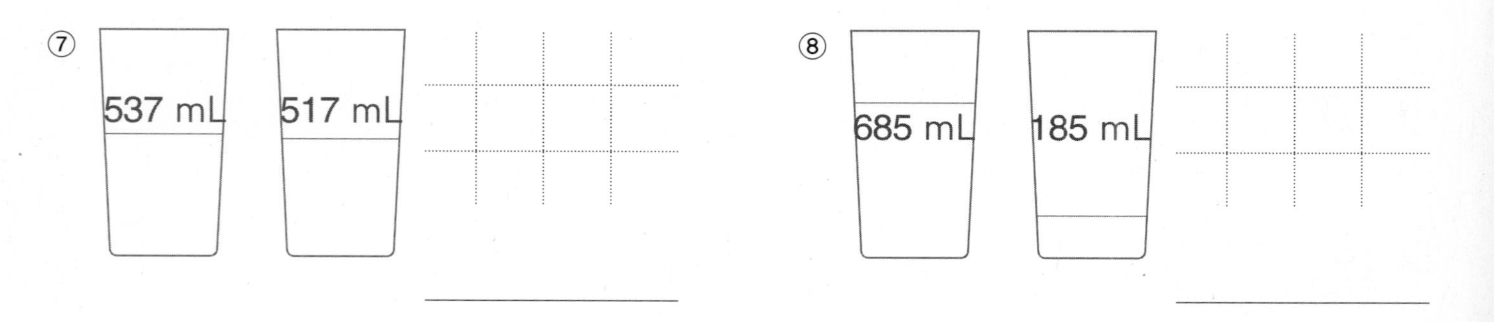

얼마나 줄었는지 구할 땐 뺄셈을 해.

뺄셈의 원리

04 얼마나 마셨을까?

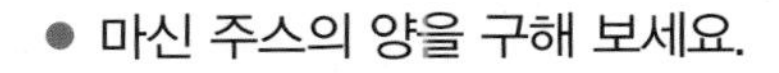

● 마신 주스의 양을 구해 보세요.

①

	7	0	7
−	2	0	6
	5	0	1

처음에 있던 양 / 마시고 남은 양 / 마신 양

501 mL

②

657 mL → 250 mL

③

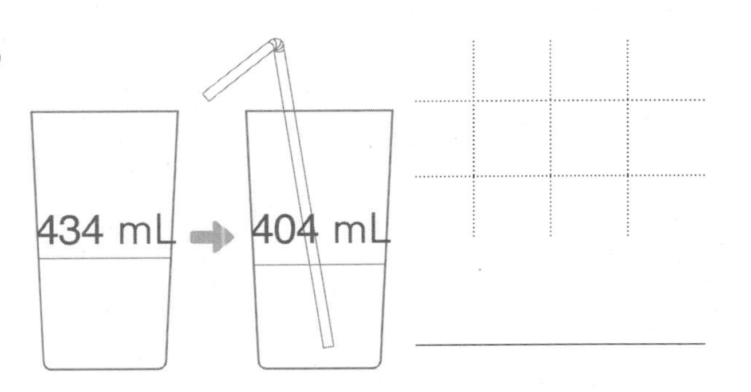

④

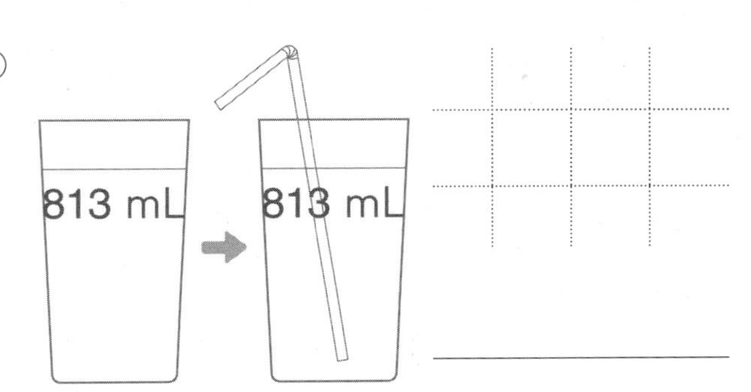

⑤

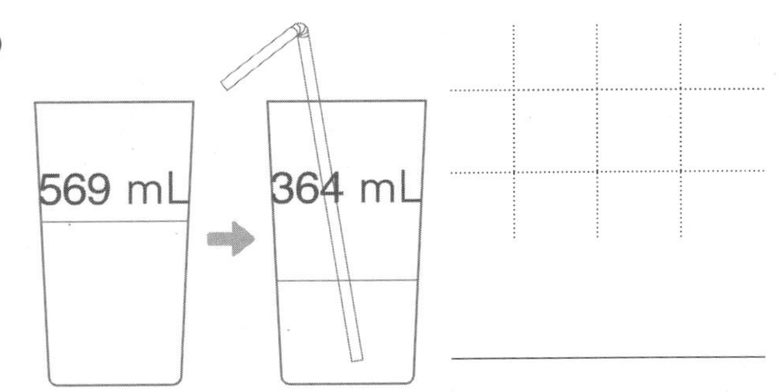

⑥

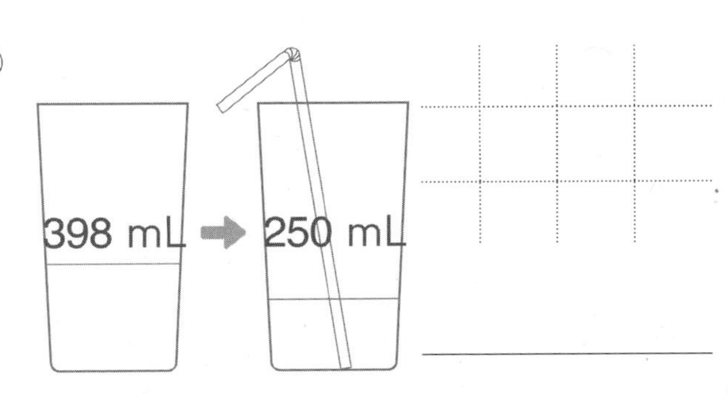

⑦

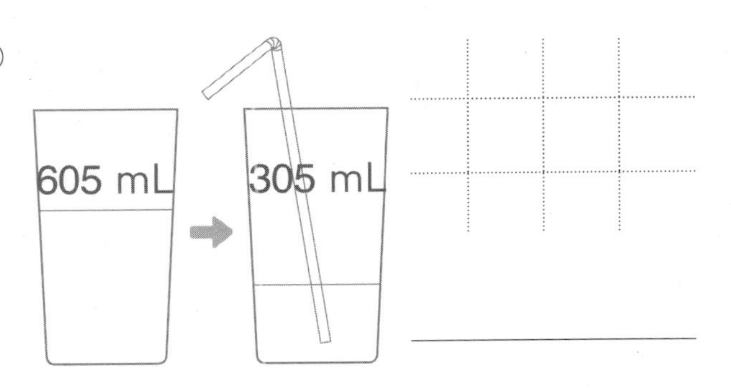

⑧

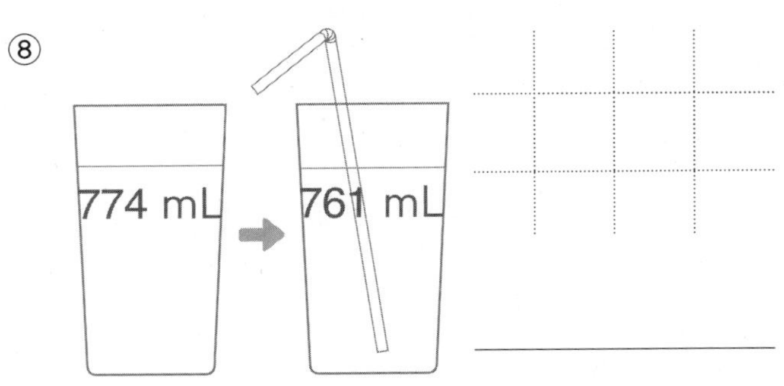

빼는 수의 크기에 따라 계산 결과가 어떻게 달라지는지 살펴봐.

05 여러 가지 수 빼기

● 뺄셈을 해 보세요.

① 742 − 2 = 740

742 − 42 = 700

742 − 342 =

빼는 수가 커지면 계산 결과가 작아져요.

② 774 − 3 =

774 − 33 =

774 − 333 =

③ 565 − 100 =

565 − 200 =

565 − 300 =

④ 437 − 113 =

437 − 213 =

437 − 313 =

⑤ 674 − 344 =

674 − 354 =

674 − 364 =

⑥ 258 − 150 =

258 − 200 =

258 − 250 =

더 많이 먹을수록 조금 남아.

⑦ 937 − 713 =

937 − 714 =

937 − 715 =

⑧ 837 − 235 =

837 − 35 =

837 − 5 =

빼는 수가 작아지면 계산 결과는 어떻게 될까요?

⑨ 329 − 329 =

329 − 29 =

329 − 9 =

⑩ 786 − 750 =

786 − 650 =

786 − 550 =

⑪ 538 − 428 =

538 − 328 =

538 − 228 =

⑫ 595 − 393 =

595 − 383 =

595 − 373 =

⑬ 486 − 165 =

486 − 145 =

486 − 125 =

⑭ 293 − 183 =

293 − 182 =

293 − 181 =

⑮ 998 − 938 =

998 − 935 =

998 − 932 =

덧셈식의 세 수는 뺄셈식의 세 수도 될 수 있어.

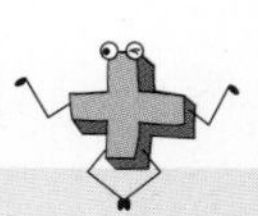

06 네 가지 식 만들기

● 주어진 수를 모두 사용하여 덧셈식과 뺄셈식을 각각 2개씩 만들어 보세요.

① 601 802 201

덧셈식 2개와
601 + 201 = 802
201 + 601 = 802
가장 큰 수가 덧셈의 결과가 돼요.

뺄셈식 2개를 만들 수 있어요.
802 − 201 = 601
802 − 601 = 201
가장 큰 수에서 빼요.

② 420 310 110

③ 393 183 210

④ 114 618 504

⑤ 579 238 341

⑥ 241 234 475

⑦

978	443	535

⑧

645	123	522

⑨

723	511	212

⑩

203	379	176

⑪

332	499	167

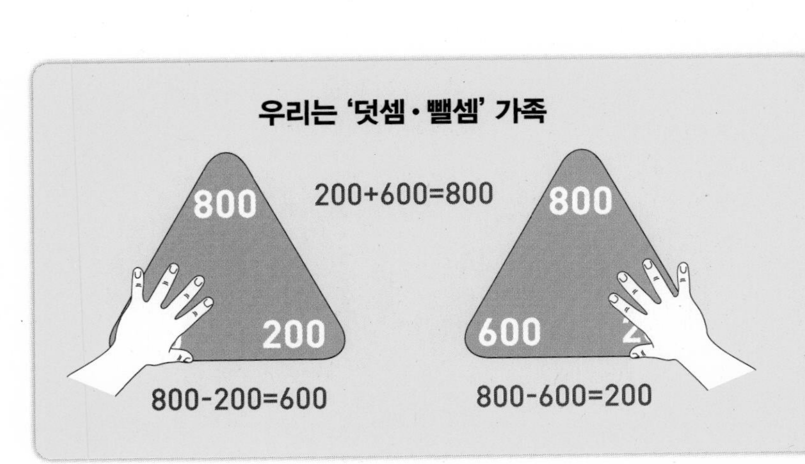

6 받아내림이 한 번 있는 (세 자리 수)-(세 자리 수)

일차	번호	내용	쪽	학습 요소
1일차	01	세로셈	p78	뺄셈의 원리 ▶ 계산 방법과 자릿값의 이해
2일차	02	가로셈	p80	뺄셈의 원리 ▶ 계산 방법과 자릿값의 이해
3일차	03	여러 가지 수 빼기	p82	뺄셈의 원리 ▶ 계산 원리 이해
4일차	04	계산하지 않고 크기 비교하기	p84	뺄셈의 원리 ▶ 계산 원리 이해
	05	발자국 길이의 차이 구하기	p85	뺄셈의 활용 ▶ 상황에 맞는 뺄셈
5일차	06	또 다른 뺄셈식 만들기	p86	덧셈과 뺄셈의 성질 ▶ 덧셈과 뺄셈의 관계
	07	등식 완성하기	p87	뺄셈의 성질 ▶ 등식

같은 자리 수끼리 뺄 수 없으면 윗자리에서 받아내림해.

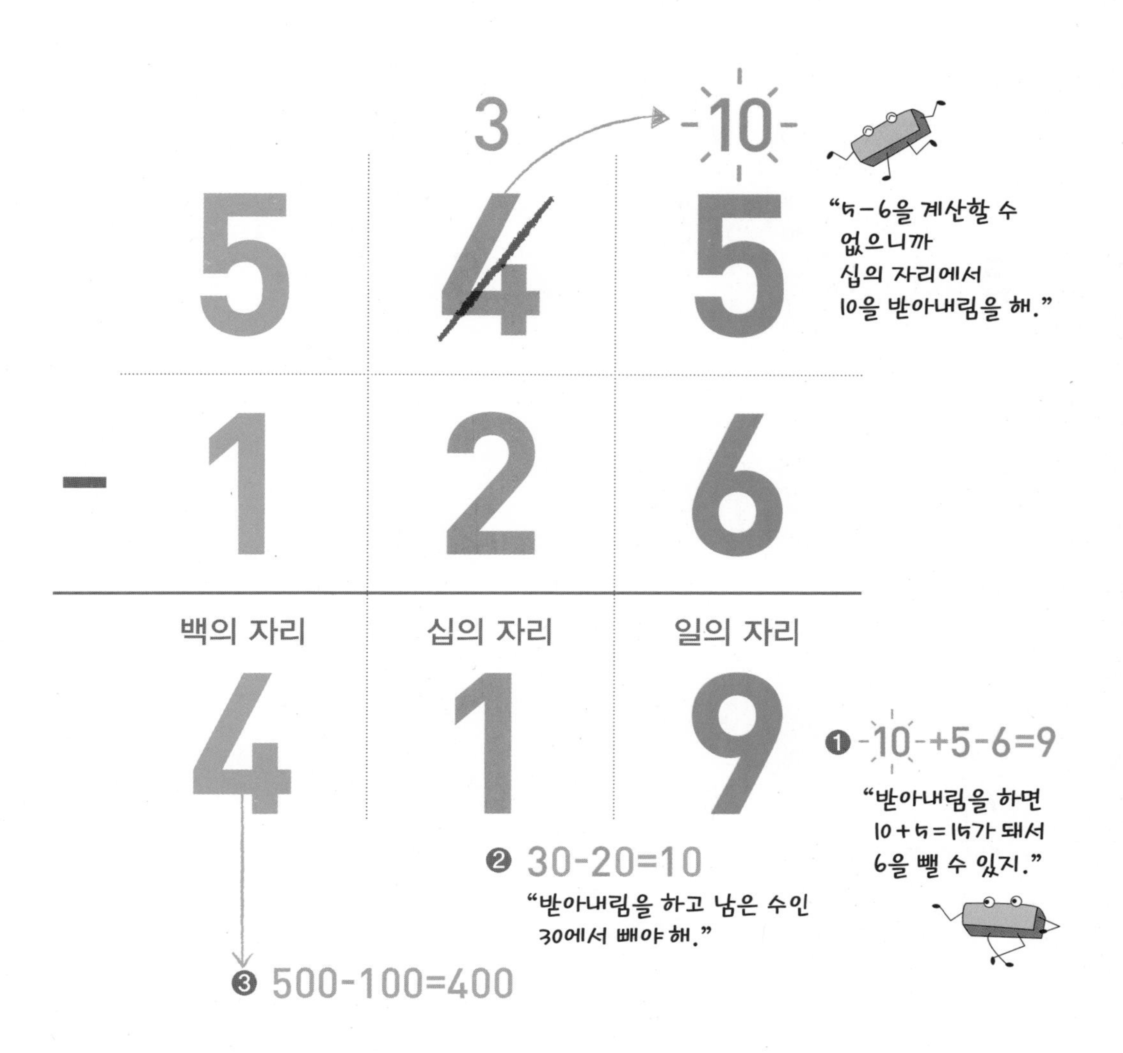

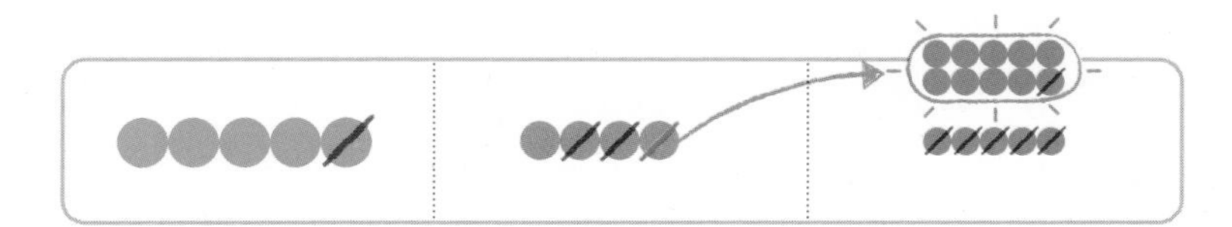

백 십 일

01 세로셈

● 뺄셈을 해 보세요.

①
$$\begin{array}{r} 820 \\ -\ 507 \\ \hline 313 \end{array}$$

❶ 10−7=3
❷ 10−0=10
❸ 800−500=300

②
$$\begin{array}{r} 543 \\ -\ 436 \\ \hline \end{array}$$

❶ 13−6=7
❷ 3−3=0
❸ 5−4=1

③
$$\begin{array}{r} 922 \\ -\ 162 \\ \hline \end{array}$$

④
$$\begin{array}{r} 810 \\ -\ 103 \\ \hline \end{array}$$

⑤
$$\begin{array}{r} 520 \\ -\ 305 \\ \hline \end{array}$$

⑥
$$\begin{array}{r} 740 \\ -\ 706 \\ \hline \end{array}$$

⑦
$$\begin{array}{r} 680 \\ -\ 214 \\ \hline \end{array}$$

⑧
$$\begin{array}{r} 250 \\ -\ 149 \\ \hline \end{array}$$

⑨
$$\begin{array}{r} 440 \\ -\ 238 \\ \hline \end{array}$$

⑩
$$\begin{array}{r} 713 \\ -\ 206 \\ \hline \end{array}$$

⑪
$$\begin{array}{r} 941 \\ -\ 102 \\ \hline \end{array}$$

⑫
$$\begin{array}{r} 933 \\ -\ 525 \\ \hline \end{array}$$

⑬
$$\begin{array}{r} 578 \\ -\ 369 \\ \hline \end{array}$$

⑭
$$\begin{array}{r} 392 \\ -\ 114 \\ \hline \end{array}$$

⑮
$$\begin{array}{r} 476 \\ -\ 438 \\ \hline \end{array}$$

⑯
$$\begin{array}{r} 672 \\ -\ 629 \\ \hline \end{array}$$

⑰
$$\begin{array}{r} 834 \\ -\ 717 \\ \hline \end{array}$$

⑱
$$\begin{array}{r} 457 \\ -\ 148 \\ \hline \end{array}$$

⑲ $\begin{array}{r} 600 \\ -\ 270 \\ \hline \end{array}$

⑳ $\begin{array}{r} 500 \\ -\ 210 \\ \hline \end{array}$

㉑ $\begin{array}{r} 940 \\ -\ 470 \\ \hline \end{array}$

㉒ $\begin{array}{r} 805 \\ -\ 145 \\ \hline \end{array}$

㉓ $\begin{array}{r} 407 \\ -\ 260 \\ \hline \end{array}$

㉔ $\begin{array}{r} 705 \\ -\ 620 \\ \hline \end{array}$

㉕ $\begin{array}{r} 809 \\ -\ 128 \\ \hline \end{array}$

㉖ $\begin{array}{r} 906 \\ -\ 756 \\ \hline \end{array}$

㉗ $\begin{array}{r} 304 \\ -\ 292 \\ \hline \end{array}$

㉘ $\begin{array}{r} 838 \\ -\ 651 \\ \hline \end{array}$

㉙ $\begin{array}{r} 627 \\ -\ 445 \\ \hline \end{array}$

㉚ $\begin{array}{r} 516 \\ -\ 263 \\ \hline \end{array}$

㉛ $\begin{array}{r} 549 \\ -\ 277 \\ \hline \end{array}$

㉜ $\begin{array}{r} 888 \\ -\ 698 \\ \hline \end{array}$

㉝ $\begin{array}{r} 765 \\ -\ 384 \\ \hline \end{array}$

㉞ $\begin{array}{r} 668 \\ -\ 395 \\ \hline \end{array}$

㉟ $\begin{array}{r} 517 \\ -\ 444 \\ \hline \end{array}$

㊱ $\begin{array}{r} 926 \\ -\ 362 \\ \hline \end{array}$

02 가로셈

세로셈으로 쓰면 더 정확하게 계산할 수 있어.

● 세로셈으로 쓰고 뺄셈을 해 보세요.

① 730 − 603

		2	10
	7	~~3~~	~~0~~
−	6	0	3
	1	2	7

② 900 − 730

	9	0	0
−	7	3	0

③ 440 − 107

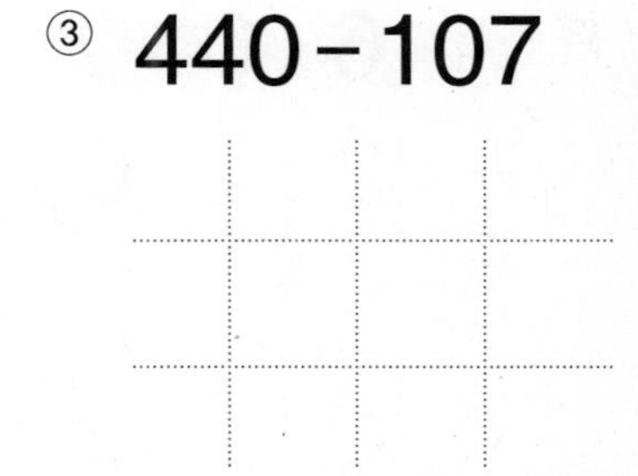

④ 480 − 201

⑤ 570 − 105

⑥ 597 − 509

⑦ 413 − 106

⑧ 820 − 217

⑨ 770 − 352

⑩ 753 − 538

⑪ 298 − 249

⑫ 891 − 364

⑬ 622 − 518

⑭ 334 − 115

⑮ 421 − 107

⑯ 500 − 150

⑰ 401 − 310

⑱ 608 − 140

⑲ 805 − 453

⑳ 703 − 431

㉑ 514 − 354

㉒ 886 − 395

㉓ 431 − 351

㉔ 727 − 284

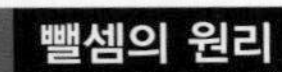

03 여러 가지 수 빼기

● 뺄셈을 해 보세요.

① 900 − 0 = 900
900 − 10 = 890
900 − 410 =

빼는 수가 커지면 계산 결과가 작아져요.

② 644 − 500 =
644 − 505 =
644 − 550 =

③ 386 − 207 =
386 − 208 =
386 − 209 =

④ 750 − 324 =
750 − 325 =
750 − 326 =

⑤ 600 − 340 =
600 − 350 =
600 − 360 =

⑥ 640 − 415 =
640 − 425 =
640 − 435 =

⑦ 507 − 230 =
507 − 330 =
507 − 430 =

⑧ 451 − 146 =
451 − 246 =
451 − 346 =

⑨ 500－290＝

500－280＝

500－270＝

빼는 수가 작아지면 계산 결과는 어떻게 될까요?

⑩ 300－130＝

300－120＝

300－110＝

⑪ 820－117＝

820－17＝

820－7＝

⑫ 317－222＝

317－220＝

317－202＝

⑬ 462－325＝

462－324＝

462－323＝

⑭ 593－188＝

593－186＝

593－184＝

⑮ 630－323＝

630－223＝

630－123＝

⑯ 833－461＝

833－361＝

833－261＝

수의 크기만 비교해도 알 수 있어.

04 계산하지 않고 크기 비교하기

● 계산하지 않고 크기를 비교하여 ○ 안에 >, <를 써 보세요.

① 빼지는 수가 같을 때

500 − 300 (<) 500 − 200

큰 수를 뺀 쪽이 더 작아요.

② 402 − 370 ○ 402 − 320

③ 370 − 233 ○ 370 − 239

④ 850 − 546 ○ 850 − 542

⑤ 930 − 614 ○ 930 − 619

⑥ 656 − 417 ○ 656 − 425

⑦

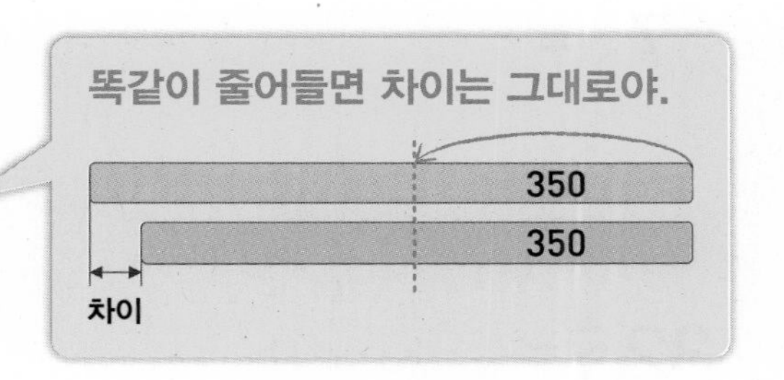

⑧ 787 − 590 ○ 687 − 590

⑨ 850 − 535 ○ 890 − 535

⑩ 337 − 128 ○ 340 − 128

⑪ 843 − 615 ○ 840 − 615

⑫ 924 − 173 ○ 890 − 173

⑬ 783 − 464 ○ 781 − 464

차이를 구할 때는 큰 수에서 작은 수를 빼.

05 발자국 길이의 차이 구하기

● 가장 긴 발자국 길이와 가장 짧은 발자국 길이의 차이를 구해 보세요.

①

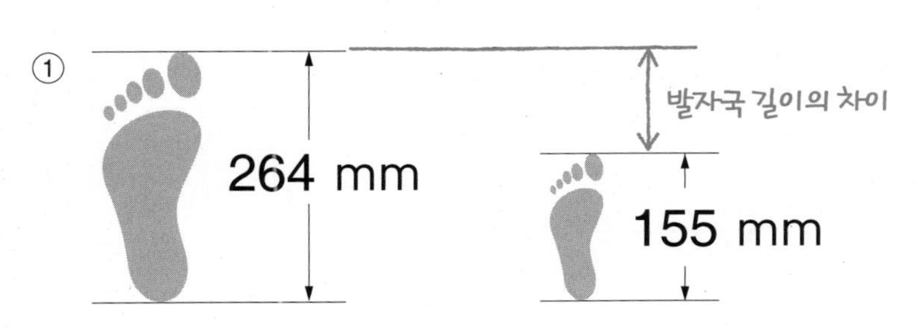

158 mm

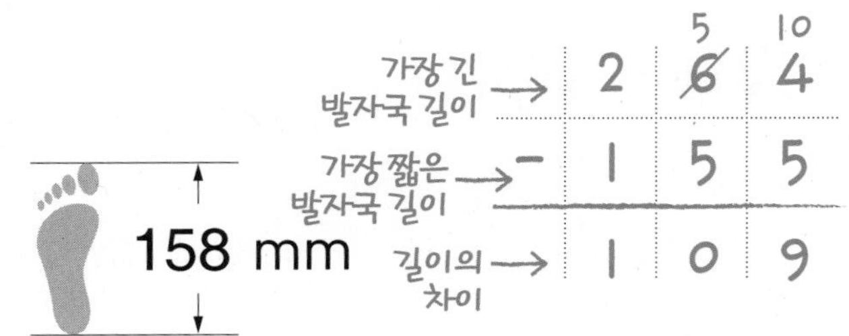

109 mm

계산 결과에 단위를 붙여요.

②

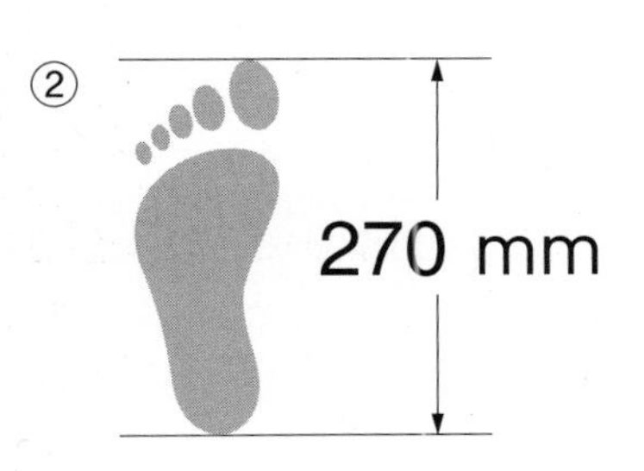

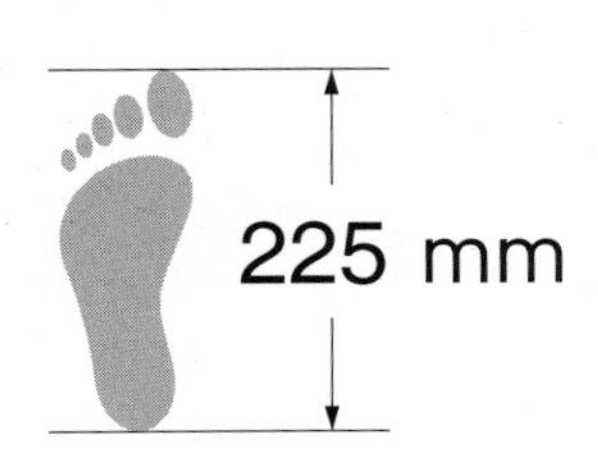

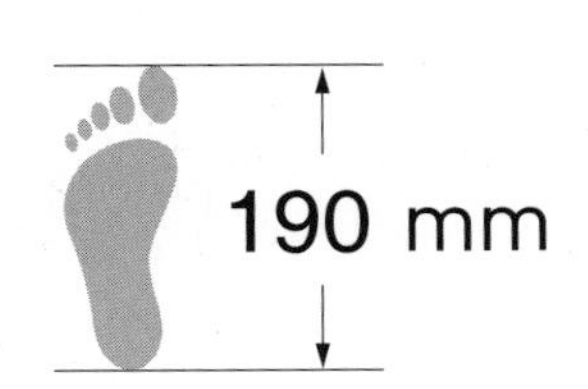

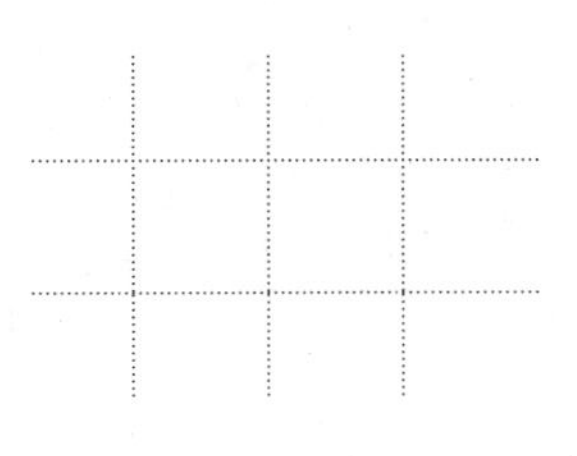

③

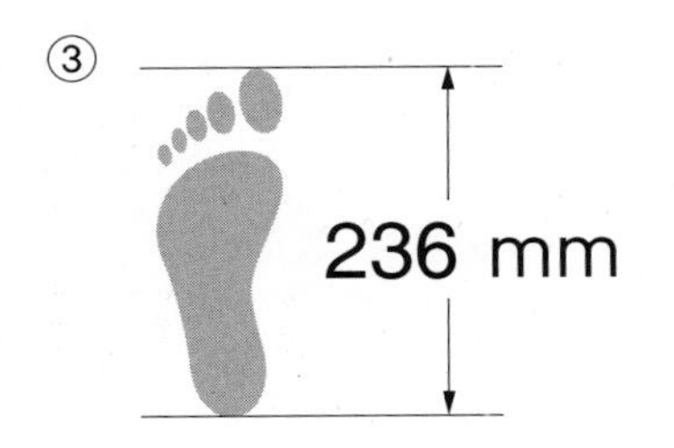

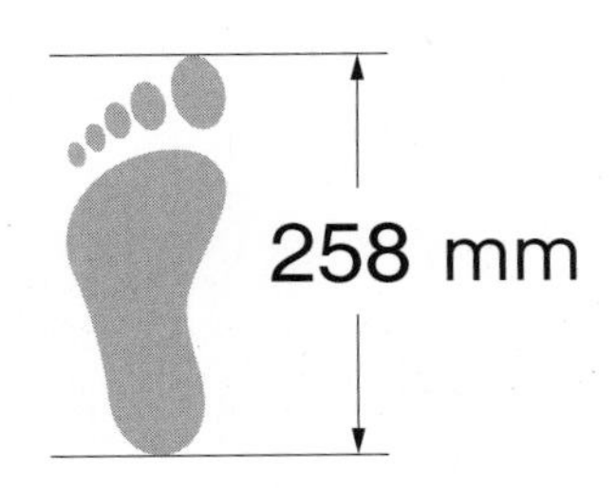

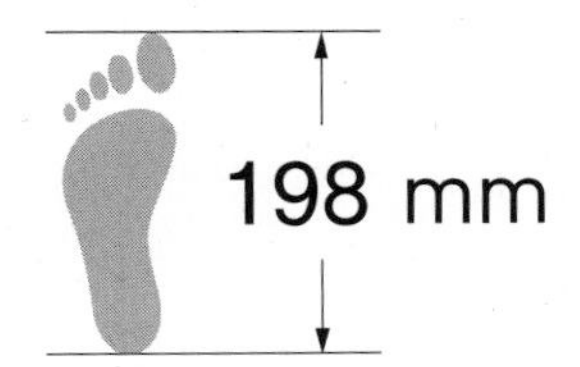

④

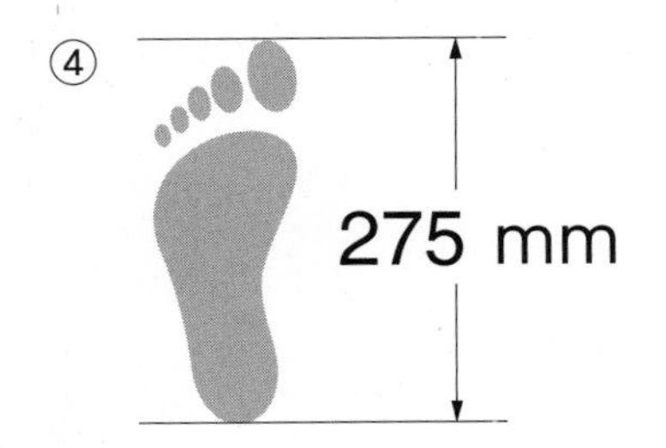

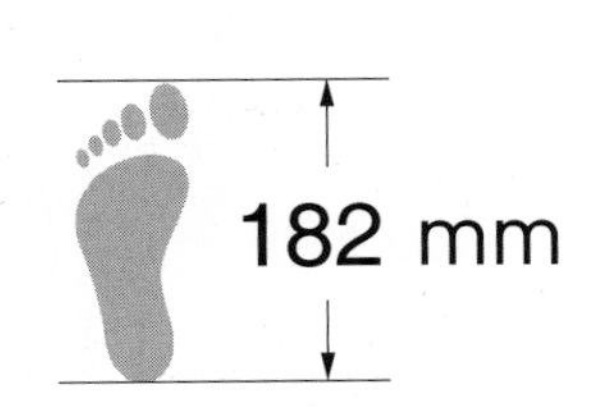

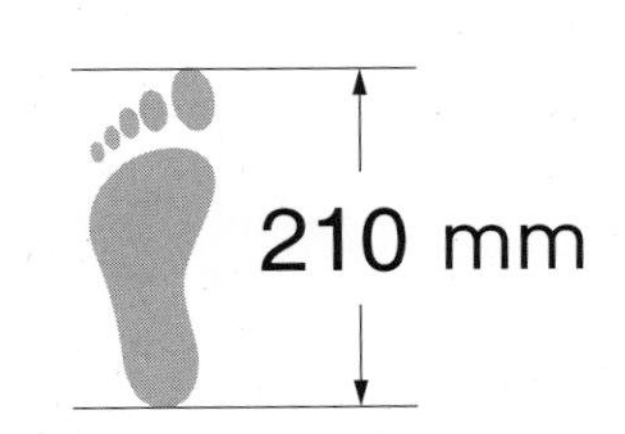

전체에서 한 쪽을 빼면 다른 쪽이 남아.

06 또 다른 뺄셈식 만들기

● 위의 뺄셈식을 이용하여 아래 뺄셈식을 완성해 보세요.

① 700 - 300 = 400

700 - 400 = 300

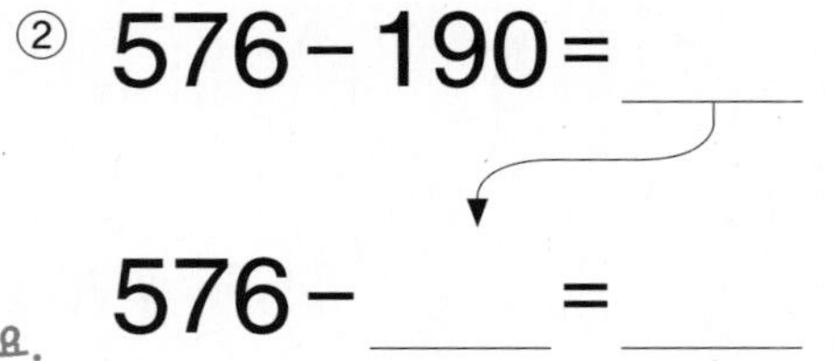

700은 300+400으로 된 수예요.

② 576 - 190 = ____

576 - ____ = ____

③ 843 - 506 = ____

843 - ____ = ____

④ 644 - 282 = ____

644 - ____ = ____

⑤ 927 - 519 = ____

927 - ____ = ____

⑥ 565 - 393 = ____

565 - ____ = ____

⑦ 754 - 506 = ____

754 - ____ = ____

⑧ 463 - 192 = ____

463 - ____ = ____

⑨ 367 - 139 = ____

367 - ____ = ____

⑩ 837 - 693 = ____

837 - ____ = ____

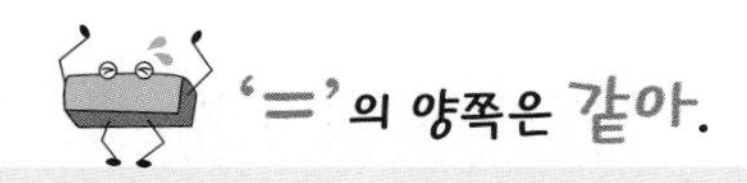

07 등식 완성하기

● '='의 양쪽이 같게 되도록 빈칸에 알맞은 수를 써 보세요.

① 400－170 ＝ 200＋ 30
230
230이 되려면 30을 더해야 해요.

② 700－180 ＝ 500＋ ____

③ 600－330 ＝ 70＋ ____

④ 900－250 ＝ 50＋ ____

⑤ 740－260 ＝ 400＋ ____

⑥ 650－490 ＝ 100＋ ____

⑦ 430－290 ＝ 40＋ ____

⑧ 810－350 ＝ 60＋ ____

⑨ 940－405 ＝ 500＋ ____

⑩ 530－328 ＝ 200＋ ____

⑪ 615－106 ＝ 9＋ ____

⑫ 580－304 ＝ 76＋ ____

⑬ 428－209 ＝ 200＋ ____

⑭ 836－308 ＝ 500＋ ____

⑮ 622－307 ＝ 15＋ ____

⑯ 980－327 ＝ 53＋ ____

7 받아내림이 두 번 있는 (세 자리 수)−(세 자리 수)

일차	번호	제목	쪽	내용
1일차	01	**세로셈**	p90	뺄셈의 원리 ▶ 계산 방법과 자릿값의 이해
2일차	02	**가로셈**	p92	뺄셈의 원리 ▶ 계산 방법과 자릿값의 이해
3일차	03	**검산하기**	p94	덧셈과 뺄셈의 성질 ▶ 덧셈과 뺄셈의 관계
4일차	04	**정해진 수 빼기**	p96	뺄셈의 원리 ▶ 계산 원리 이해
	05	**뺄셈 길 찾기**	p98	뺄셈의 원리 ▶ 계산 원리 이해
5일차	06	**편리한 방법으로 빼기**	p99	뺄셈의 감각 ▶ 수의 조작
	07	**다르면서 같은 뺄셈**	p100	뺄셈의 원리 ▶ 계산 원리 이해
	08	**수를 뺄셈식으로 나타내기**	p101	뺄셈의 감각 ▶ 수의 조작

같은 자리 수끼리 뺄 수 없으면 윗자리에서 받아내림해.

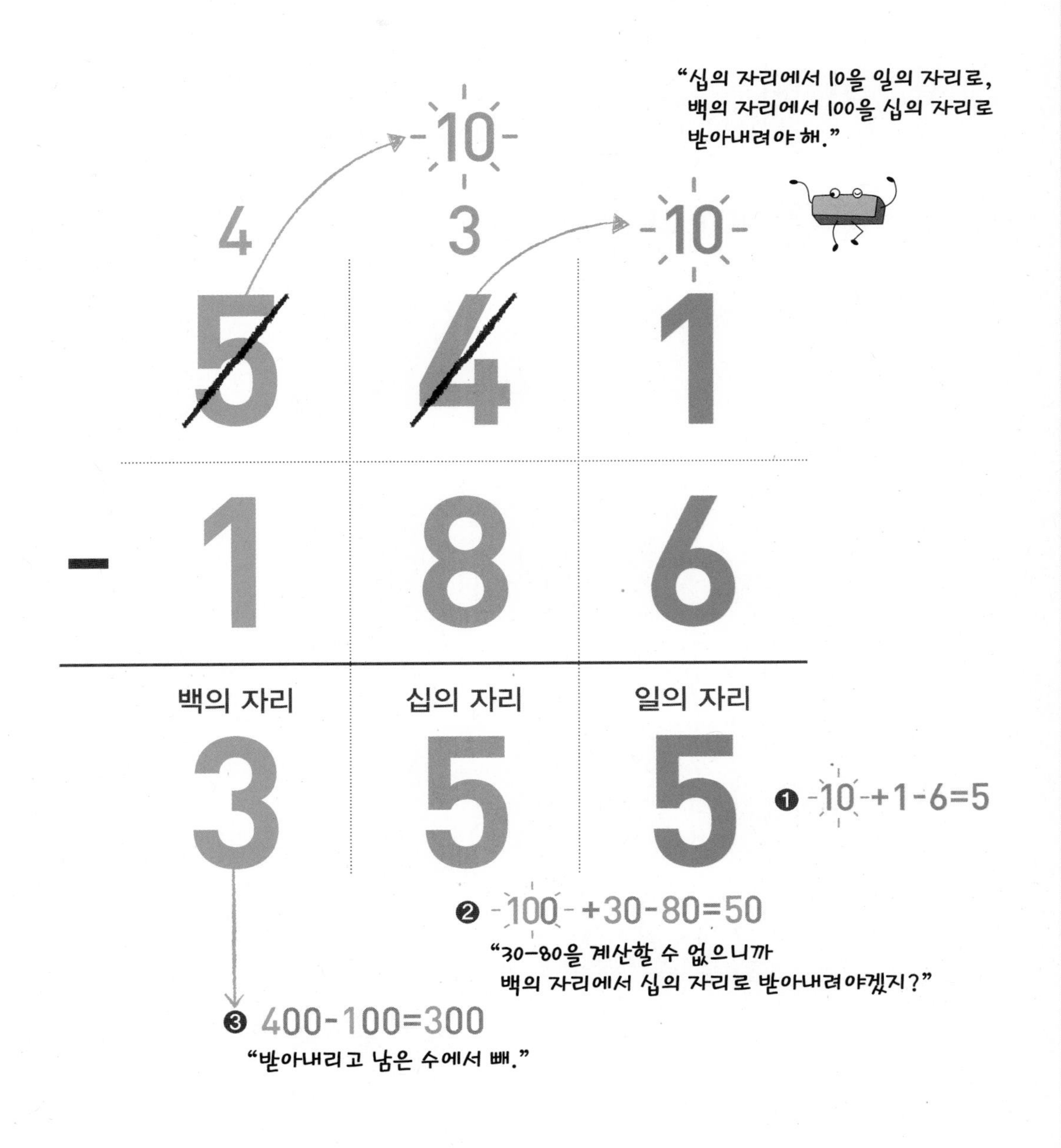

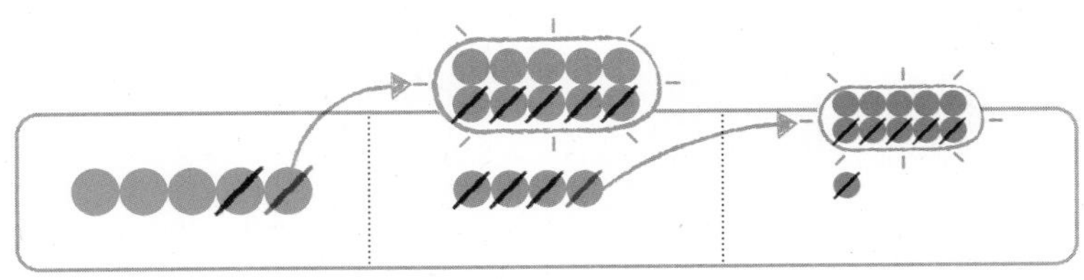

백 십 일

01 세로셈

● 뺄셈을 해 보세요.

①
	4	8	0
−	1	9	4
	2	8	6

(3 ❸, 17 ❷, 10 ❶)
❶ 10−4=6
❷ 170−90=80
❸ 300−100=200

②
	5	1	0
−	3	7	8

③
	9	1	0
−	8	8	3

④
	8	1	0
−	5	4	5

⑤
	6	7	0
−	2	8	6

⑥
	2	8	0
−	1	9	2

⑦
	9	4	0
−	7	6	9

⑧
	3	2	0
−	2	5	7

⑨
	7	6	0
−	3	8	1

⑩
	8	5	2
−	4	8	6

(7 ❸, 14 ❷, 10 ❶)
❶ 12−6=6
❷ 14−8=6
❸ 7−4=3

⑪
	7	1	5
−	5	8	7

⑫
	9	1	5
−	4	3	8

⑬
	4	1	4
−	1	5	5

⑭
	2	4	6
−	1	7	7

⑮
	5	7	1
−	3	7	3

⑯
	6	4	8
−	3	6	9

⑰
	3	5	4
−	2	8	6

⑱
	7	2	5
−	3	5	7

⑲

	4 5	9 0	10 0
-	2	9	3

	400	90	10
	5	0	0
-	2	9	3

(100)

	800	90	10
	9	0	0
-	4	3	1

(100)

⑳

	9	0	0
-	4	3	1

㉑

	7	0	0
-	3	3	4

㉒

	3	0	0
-	1	9	7

㉓

	8	0	0
-	3	6	5

㉔

	4	0	0
-	1	7	4

㉕

	6	0	0
-	2	5	8

㉖

	2	0	0
-	1	1	2

㉗

	6	0	3
-	3	9	6

㉘

	9	0	1
-	7	8	2

㉙

	5	0	4
-	3	1	6

㉚

	2	0	5
-	1	7	9

㉛

	8	0	3
-	5	5	8

㉜

	7	0	2
-	2	6	3

㉝

	7	0	6
-	3	6	9

㉞

	5	0	7
-	3	4	8

㉟

	3	0	3
-	1	5	7

뺄셈의 원리

02 가로셈

세로셈으로 쓰면 더 정확하게 계산할 수 있어.

● 세로셈으로 쓰고 뺄셈을 해 보세요.

① 270－186

	1	10+6	10
	~~2~~	~~7~~	0
－	1	8	6
		8	4

② 410－141

	4	1	0
－	1	4	1

③ 310－195

④ 610－273

⑤ 510－369

⑥ 820－179

⑦ 680－595

⑧ 840－479

⑨ 881－496

⑩ 774－296

⑪ 632－387

⑫ 232－158

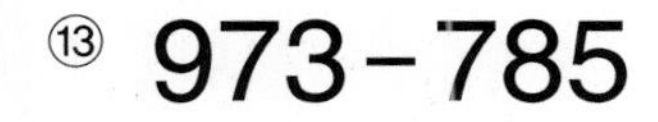

⑬ 973 − 785

⑭ 473 − 396

⑮ 847 − 569

⑯ 600 − 263

⑰ 700 − 685

⑱ 900 − 547

⑲ 500 − 389

⑳ 200 − 148

㉑ 800 − 396

㉒ 703 − 285

㉓ 605 − 319

㉔ 904 − 726

03 검산하기

● 뺄셈을 한 다음 검산해 보세요.

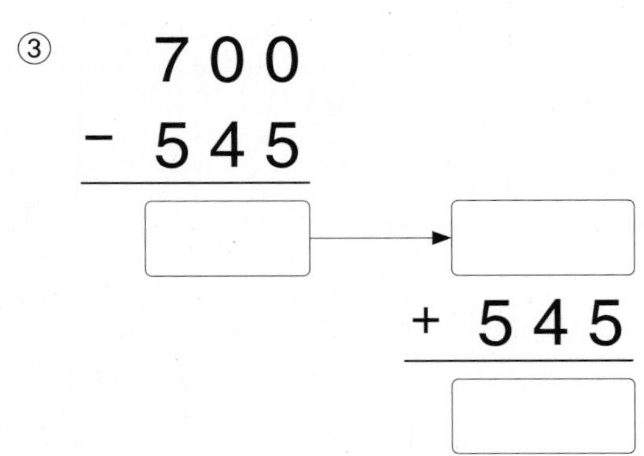

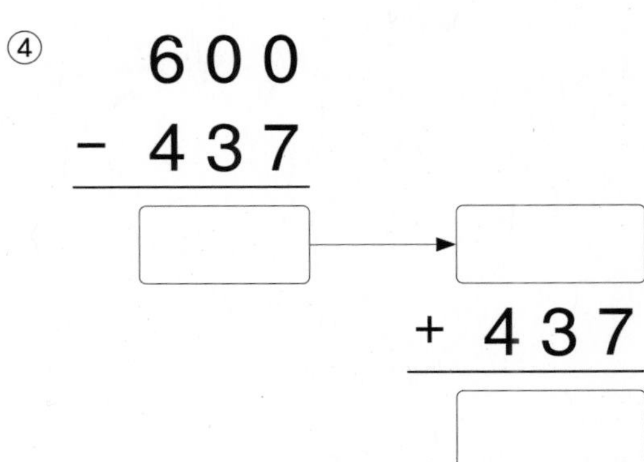

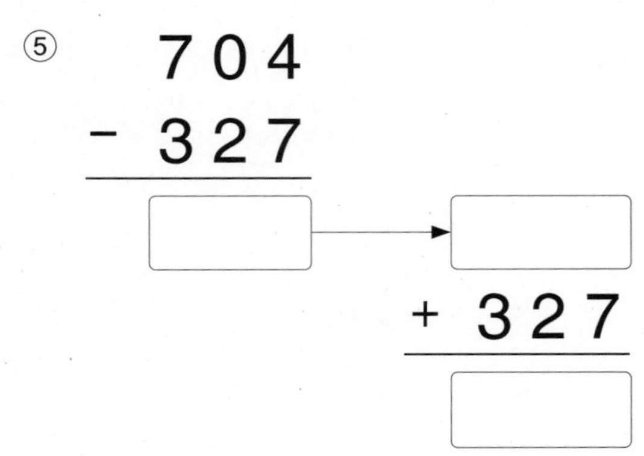

⑥ 880 − 293 → + 293

⑦ 505 − 248 → + 248

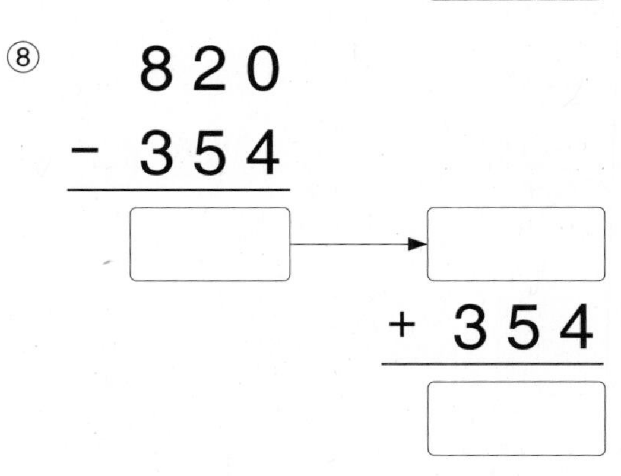

⑨
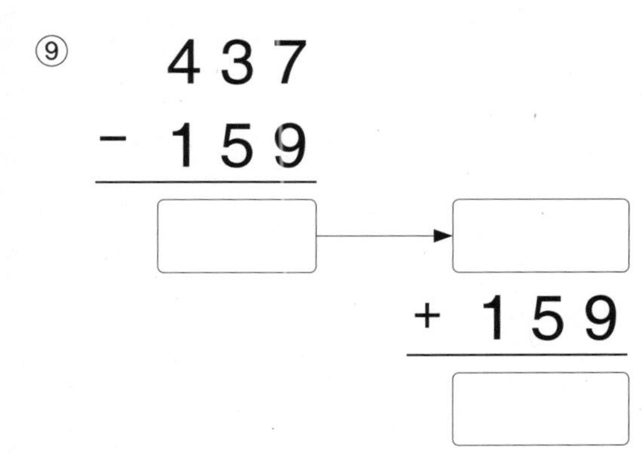

437
- 159
+ 159

⑩
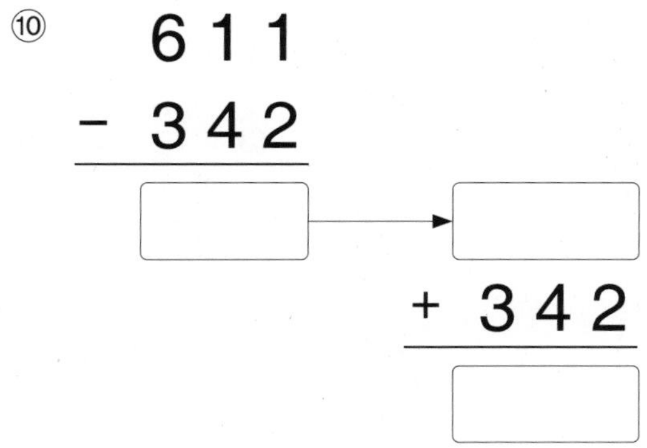

611
- 342
+ 342

⑪
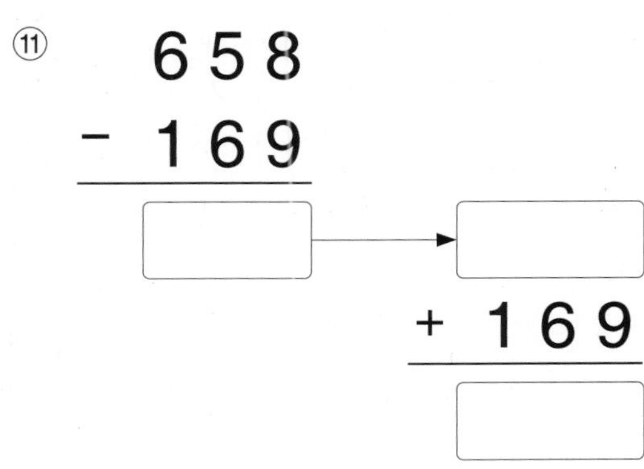

658
- 169
+ 169

⑫
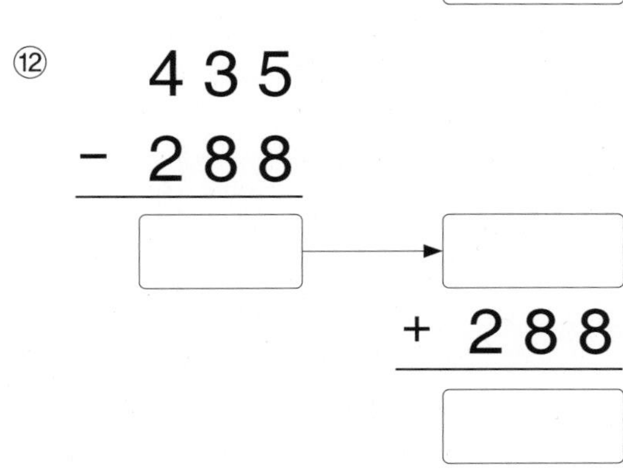

435
- 288
+ 288

⑬
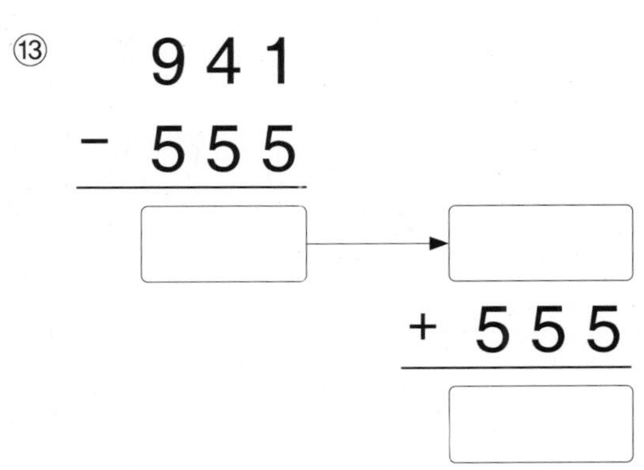

941
- 555
+ 555

⑭
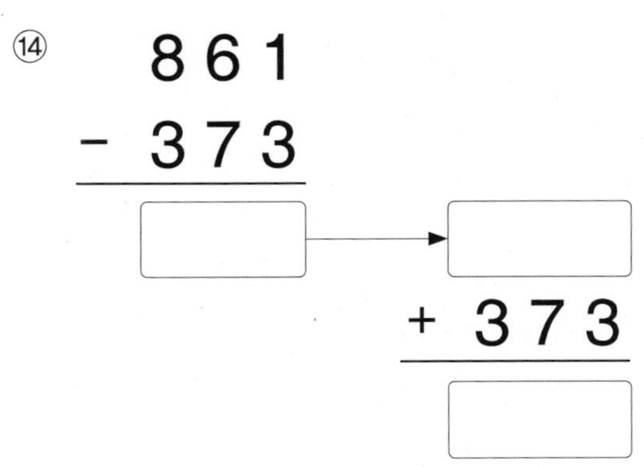

861
- 373
+ 373

⑮
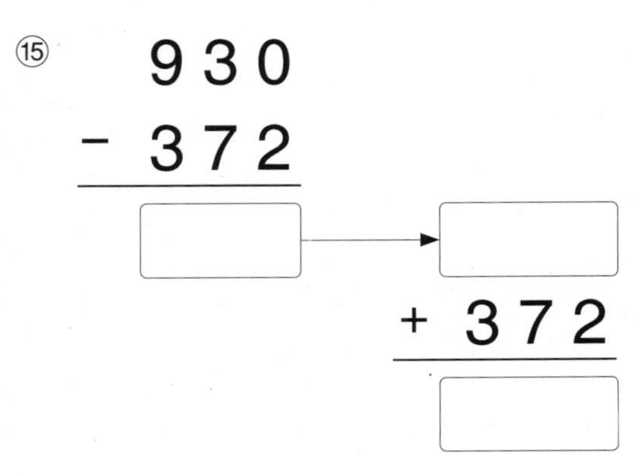

930
- 372
+ 372

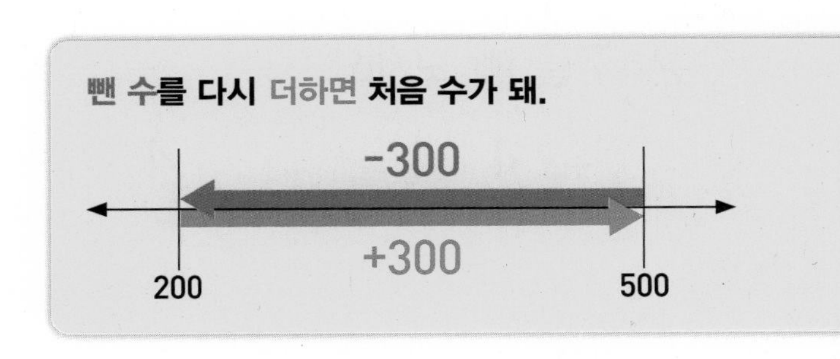

뺀 수를 다시 더하면 처음 수가 돼.
-300
+300
200
500

04 정해진 수 빼기

빼지는 수에 따라 계산 결과의 크기가 달라져.

● 뺄셈을 해 보세요.

① 333을 빼 보세요.

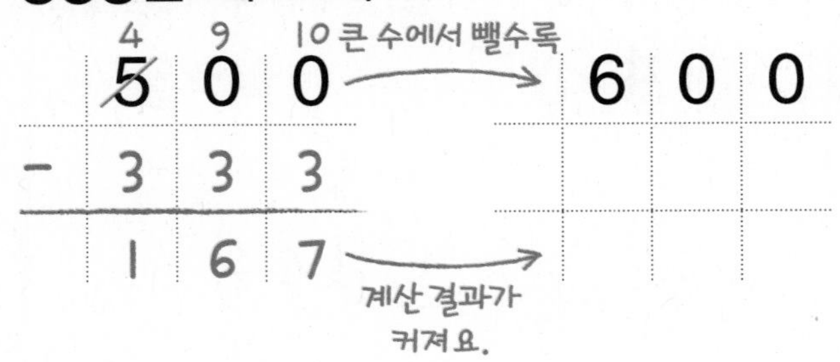

6 0 0

7 0 0

8 0 0

② 455를 빼 보세요.

5 4 0

6 4 0

7 4 0

8 4 0

③ 184를 빼 보세요.

3 1 0

3 2 0

3 3 0

3 4 0

④ 247을 빼 보세요.

4 4 4

4 4 5

4 4 6

4 4 7

⑤ 562를 빼 보세요.

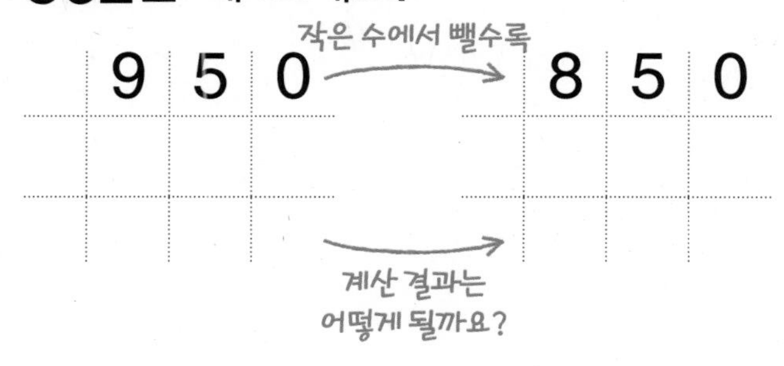

7 5 0

6 5 0

⑥ 292를 빼 보세요.

6 1 0

6 0 0

5 9 0

5 8 0

⑦ 158을 빼 보세요.

3 3 7

3 2 7

3 1 7

3 0 7

⑧ 477을 빼 보세요.

8 1 1

8 1 0

8 0 9

8 0 8

작은 수를 뺄수록, 큰 수에서 뺄수록 계산 결과가 크겠지?

05 뺄셈 길 찾기

● 차가 가장 크게 되도록 세 수 중 알맞은 수를 골라 뺄셈을 해 보세요.

①

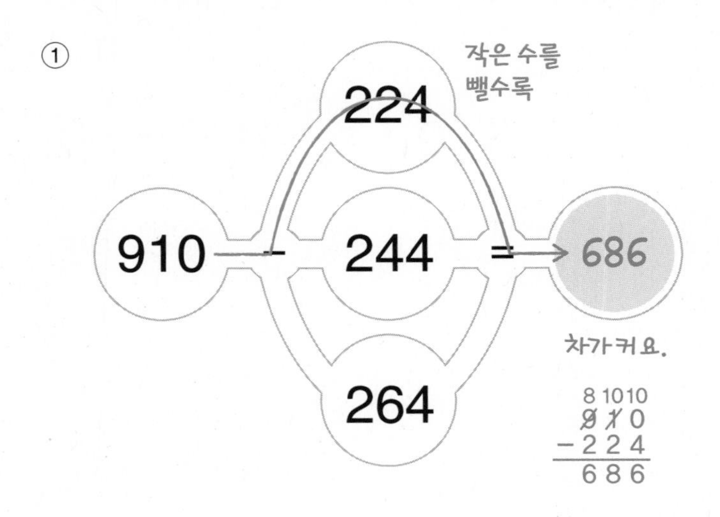

②

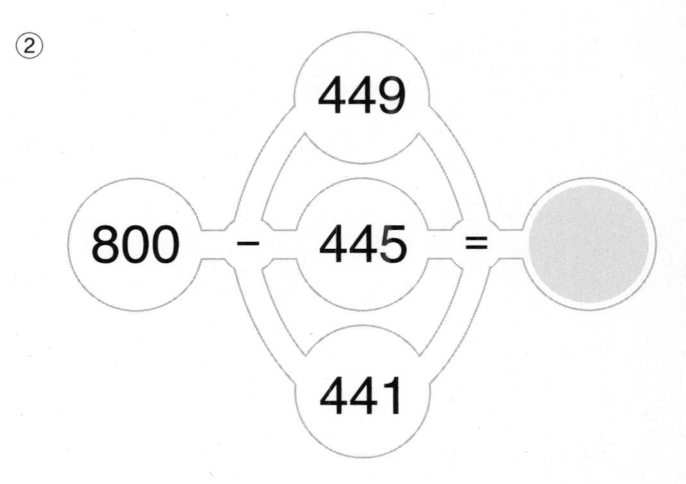

③

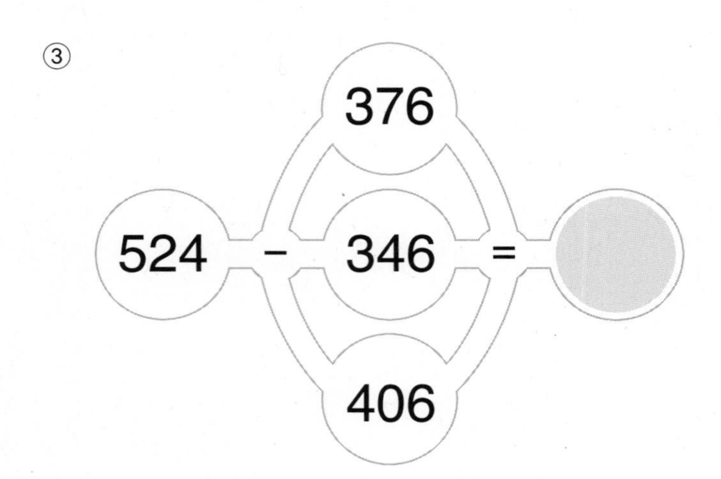

④

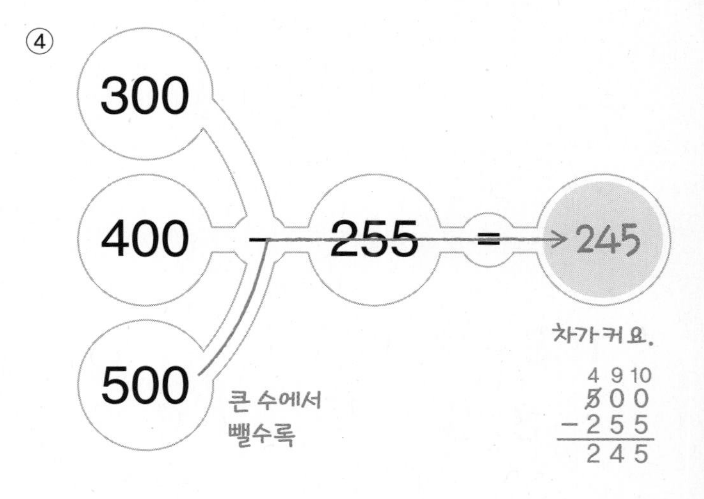

⑤

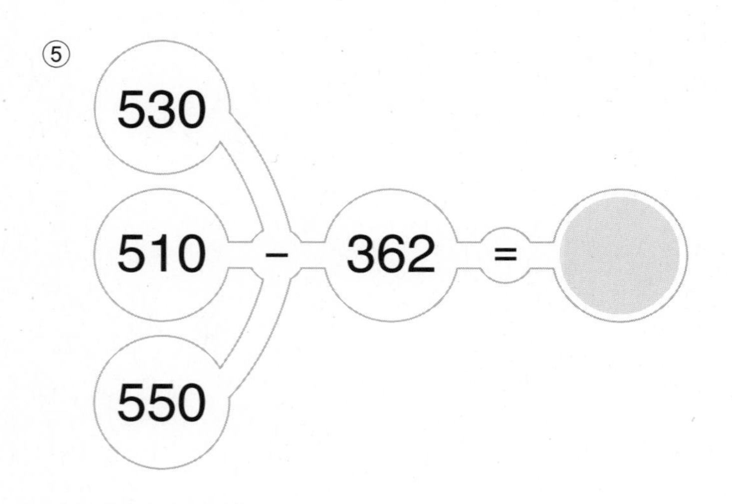

⑥

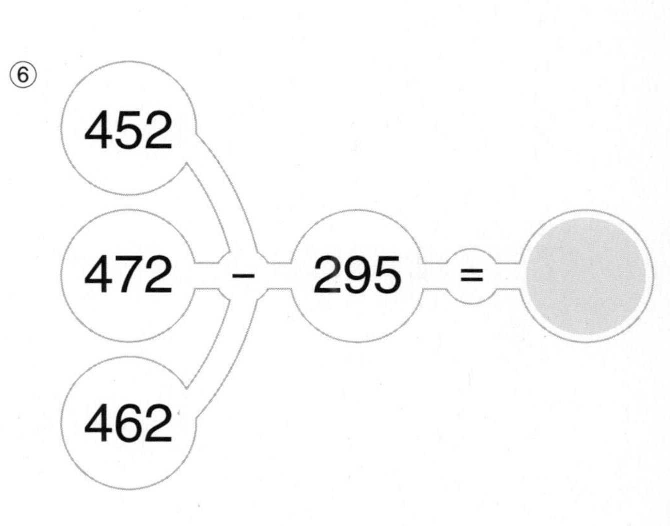

몇백으로 생각하여 빼면 훨씬 쉬워.

06 편리한 방법으로 빼기

● 계산이 편리하도록 수를 바꾸어 뺄셈을 해 보세요.

① 400 - 199 = ___

(+1) (+1)

400 - 200 = 200

❶ 199 대신 200을 뺀 다음

❷ 계산 결과에 1을 더하면 답을 구할 수 있어요.

② 800 - 499 = ___

(+1) (+1)

800 - ___ = ___

③ 780 - 599 = ___

(+1) (+1)

780 - ___ = ___

④ 700 - 298 = ___

(+2) (+2)

700 - ___ = ___

⑤ 502 - 397 = ___

(+3) (+3)

502 - ___ = ___

⑥ 609 - 399 = ___

(+1) (+1) (=)

610 - 400 = 210

두 수를 같은 수만큼 크게 생각해서 빼도 계산 결과는 같아요.

⑦ 759 - 499 = ___

(+1) (+1) (=)

___ - ___ = ___

⑧ 519 - 399 = ___

(+1) (+1) (=)

___ - ___ = ___

⑨ 808 - 198 = ___

(+2) (+2) (=)

___ - ___ = ___

⑩ 947 - 497 = ___

(+3) (+3) (=)

___ - ___ = ___

07 다르면서 같은 뺄셈

● 뺄셈을 해 보세요.

① $500-257=243$

$600-357=$

커지는 만큼 커져요.

② $940-862=$

$840-762=$

작아지는 만큼 작아져요.

③ $830-285=$

$930-385=$

④ $800-428=$

$700-328=$

⑤ $600-363=$

$610-373=$

⑥ $910-786=$

$900-776=$

⑦ $850-482=$

$900-532=$

⑧ $650-361=$

$600-311=$

⑨ $325-199=\square$

$425-\square=126$

⑩ $526-237=\square$

$516-\square=289$

주어진 수를 차라고 생각해 봐.

08 수를 뺄셈식으로 나타내기

● 빈칸에 알맞은 수를 써 보세요.

① 250=300− 50

250은 300보다 50만큼 더 작은 수예요.

250=350− 100

250은 350보다 얼마만큼 더 작은 수인지 생각해 봐요.

② 340=400− _____

340=500− _____

③ 550=600− _____

550=700− _____

④ 120=200− _____

120=300− _____

⑤ 483=490− _____

483=500− _____

⑥ 642=650− _____

642=700− _____

⑦ 437=500− _____

437=600− _____

⑧ 355=400− _____

355=600− _____

⑨ 671=700− _____

671=900− _____

⑩ 525=600− _____

525=800− _____

÷ 8 나눗셈의 기초

일차	번호	내용	쪽	영역
1일차	01	똑같게 나누기	p104	나눗셈의 원리 ▶ 계산 원리 이해
	02	몇 묶음인지 구하기	p105	나눗셈의 원리 ▶ 계산 원리 이해
2일차	03	뺄셈으로 나눗셈 알아보기	p106	나눗셈의 원리 ▶ 계산 원리 이해
3일차	04	곱셈식으로 나눗셈의 몫 구하기(1)	p108	나눗셈의 원리 ▶ 계산 원리 이해
4일차	05	곱셈식으로 나눗셈의 몫 구하기(2)	p110	나눗셈의 원리 ▶ 계산 원리 이해
	06	2, 3으로 나누기	p112	나눗셈의 원리 ▶ 계산 원리 이해
5일차	07	4, 5로 나누기	p113	나눗셈의 원리 ▶ 계산 원리 이해
	08	6, 7로 나누기	p114	나눗셈의 원리 ▶ 계산 원리 이해
	09	8, 9로 나누기	p115	나눗셈의 원리 ▶ 계산 원리 이해

나눗셈의 몫은 두 가지를 나타내.

0이 될 때까지 같은 수를 뺀 횟수

$$8-4-4=0$$

8에서 4를 2번 뺄 수 있습니다.

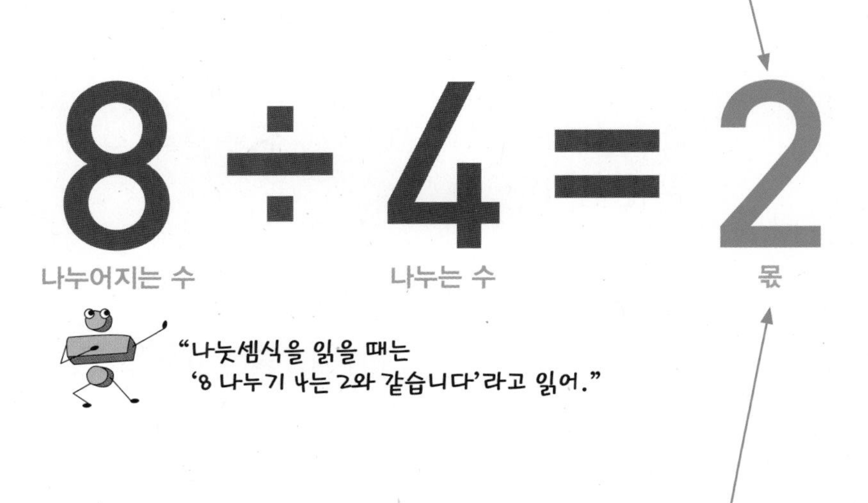

똑같게 나눈 묶음의 수

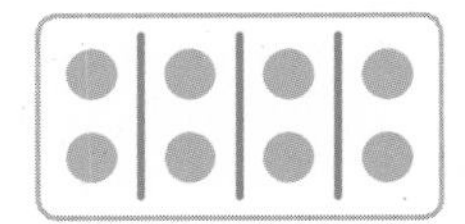

**8을 4로 똑같게 나누면
한 묶음의 수는 2입니다.**

한 묶음에 들어 있는 공의 수가 나눗셈의 몫이야.

01 똑같게 나누기

● 공을 똑같이 나누어 그리고 몫을 구해 보세요.

① 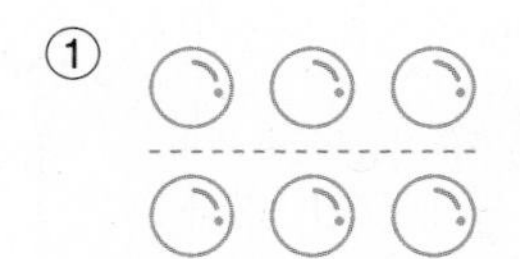 ➜ 예 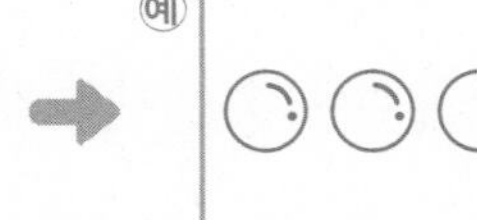  $6 \div 2 =$ 3

❶ 6을 똑같이 2묶음으로 나누면

❷ 한 묶음에 3개씩이에요.

② ➜ 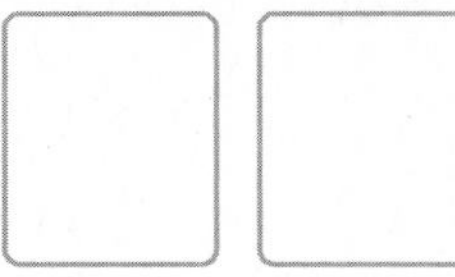 $6 \div 3 =$ ____

③ 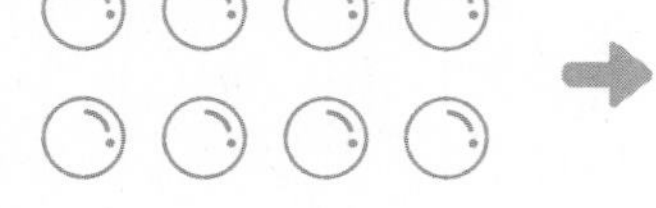 ➜ 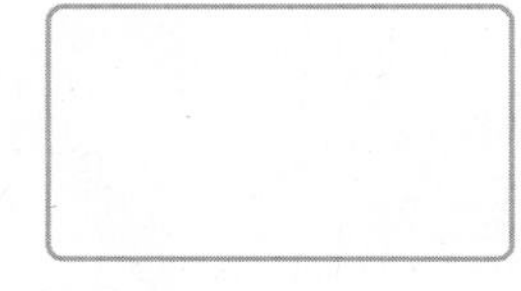 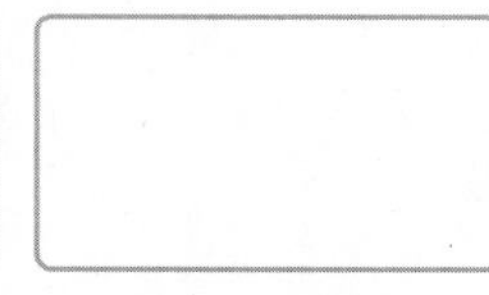 $8 \div 2 =$ ____

④ 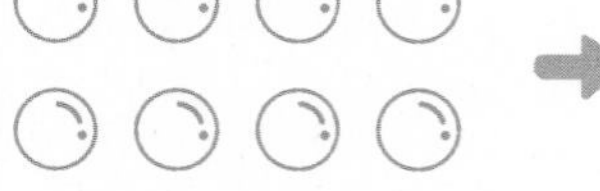 ➜   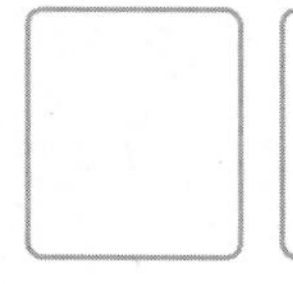 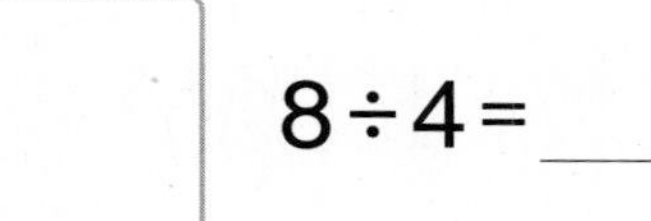 $8 \div 4 =$ ____

⑤ 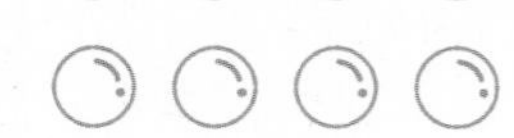 ➜ 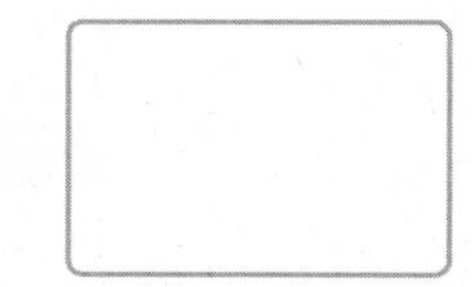 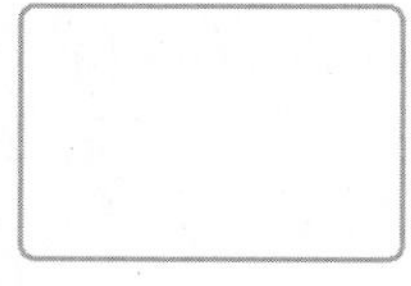 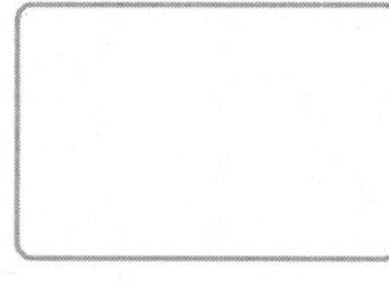 $9 \div 3 =$ ____

⑥ ➜ 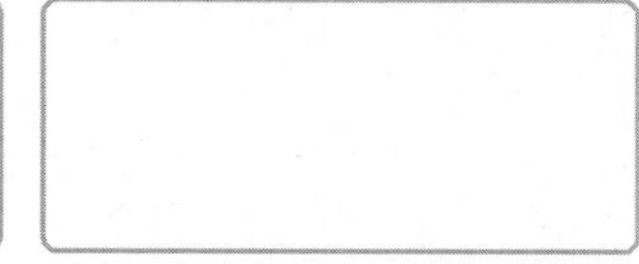 $10 \div 2 =$ ____

⑦ ➜   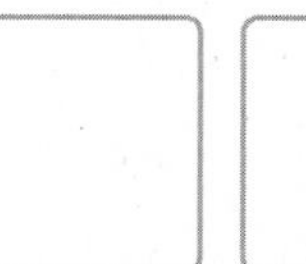 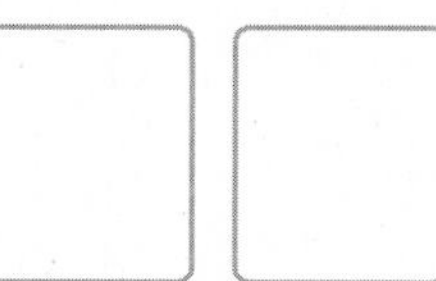 $10 \div 5 =$ ____

묶음의 수가 나눗셈의 몫이야.

02 몇 묶음인지 구하기

● 공을 주어진 수만큼씩 묶고 몫을 구해 보세요.

① 2개씩 묶기

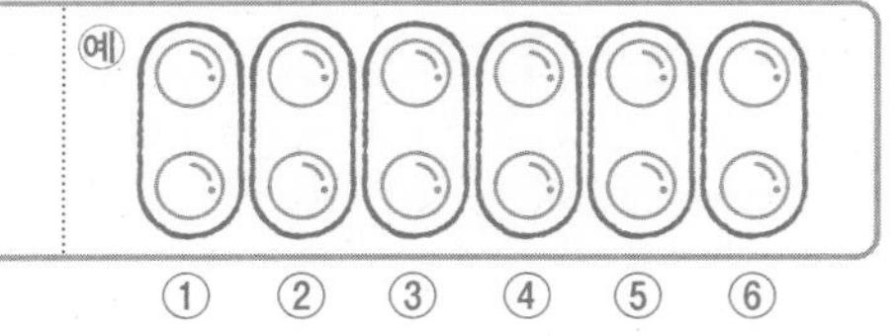

→ $12 \div 2 =$ 6

❶ 12를 2씩 묶으면 ❷ 6묶음이 돼요. (몫)

② 3개씩 묶기 → $12 \div 3 =$ ______

③ 4개씩 묶기 → $12 \div 4 =$ ______

④ 6개씩 묶기 → $12 \div 6 =$ ______

⑤ 3개씩 묶기 → $18 \div 3 =$ ______

⑥ 6개씩 묶기 → $18 \div 6 =$ ______

나눗셈의 원리

03 뺄셈으로 나눗셈 알아보기

● 뺄셈을 이용하여 나눗셈의 몫을 구해 보세요.

① 나누는 수를 0이 될 때까지 빼요.

① $5-1-1-1-1-1=$ 0 → $5\div1=$ 5

② 1번 2번 3번 4번 5번 ③ 뺀 횟수가 몫이에요.

$5-5=$ 0 → $5\div5=$ 1

1번

② $10-2-2-2-2-2=$ ___ → $10\div2=$ ___

$10-5-5=$ ___ → $10\div5=$ ___

③ $32-4-4-4-4-4-4-4-4=$ ___ → $32\div4=$ ___

$32-8-8-8-8=$ ___ → $32\div8=$ ___

④ $15-3-3-3-3-3=$ ___ → $15\div3=$ ___

$15-5-5-5=$ ___ → $15\div5=$ ___

⑤ $48-6-6-6-6-6-6-6-6=$ ___ → $48\div6=$ ___

$48-8-8-8-8-8-8=$ ___ → $48\div8=$ ___

덧셈 → 곱셈

$2+2+2+2=8$ → $2\times4=8$

4번

뺄셈 → 나눗셈

$8-2-2-2-2=0$ → $8\div2=4$

4번

⑥ $4-1-1-1-1=$ ____ ➡ $4\div1=$ ____

$4-2-2=$ ____ ➡ $4\div2=$ ____

$4-4=$ ____ ➡ $4\div4=$ ____

⑦ $9-1-1-1-1-1-1-1-1-1=$ ____ ➡ $9\div1=$ ____

$9-3-3-3=$ ____ ➡ $9\div3=$ ____

$9-9=$ ____ ➡ $9\div9=$ ____

⑧ $16-2-2-2-2-2-2-2-2=$ ____ ➡ $16\div2=$ ____

$16-4-4-4-4=$ ____ ➡ $16\div4=$ ____

$16-8-8=$ ____ ➡ $16\div8=$ ____

⑨ $36-4-4-4-4-4-4-4-4-4=$ ____ ➡ $36\div4=$ ____

$36-6-6-6-6-6-6=$ ____ ➡ $36\div6=$ ____

$36-9-9-9-9=$ ____ ➡ $36\div9=$ ____

몫을 구하는 데 필요한 곱셈식을 생각해 봐.

04 곱셈식으로 나눗셈의 몫 구하기 (1)

● 곱셈을 이용하여 나눗셈의 몫을 구해 보세요.

① $6 \div 3 =$ 2 ❷ 6÷3의 몫은 2예요.

↓ ↑

$3 \times$ 2 $= 6$

❶ 3단 곱셈구구에서 곱이 6인 경우는 3×2=6이에요.

② $6 \div 2 =$ ____

↓ ↑

$2 \times$ ____ $= 6$

2단 곱셈구구에서 곱이 6인 경우를 찾아요.

③ $16 \div 4 =$ ____

↓ ↑

$4 \times$ ____ $= 16$

④ $21 \div 7 =$ ____

↓ ↑

$7 \times$ ____ $= 21$

⑤ $54 \div 6 =$ ____

↓ ↑

$6 \times$ ____ $= 54$

⑥ $14 \div 2 =$ ____

↓ ↑

$2 \times$ ____ $= 14$

⑦ $16 \div 8 =$ ____

↓ ↑

$8 \times$ ____ $= 16$

⑧ $9 \div 9 =$ ____

↓ ↑

$9 \times$ ____ $= 9$

⑨ $54 \div 9 =$ ____

↓ ↑

$9 \times$ ____ $= 54$

⑩ $20 \div 5 =$ ____

↓ ↑

$5 \times$ ____ $= 20$

⑪ $8 \div 4 =$ ____

↓ ↑

$4 \times$ ____ $= 8$

⑫ $30 \div 6 =$ ____

↓ ↑

$6 \times$ ____ $= 30$

⑬ $40 \div 8 =$ ____

↓ ↑

$8 \times$ ____ $= 40$

⑭ $42 \div 6 =$ ____

↓ ↑

$6 \times$ ____ $= 42$

⑮ $63 \div 7 =$ ____

↓ ↑

$7 \times$ ____ $= 63$

⑯ $14 \div 7 =$ ___
↓ ↑
$7 \times$ ___ $= 14$

⑰ $25 \div 5 =$ ___
↓ ↑
$5 \times$ ___ $= 25$

⑱ $18 \div 3 =$ ___
↓ ↑
$3 \times$ ___ $= 18$

⑲ $4 \div 2 =$ ___
↓ ↑
$2 \times$ ___ $= 4$

⑳ $35 \div 7 =$ ___
↓ ↑
$7 \times$ ___ $= 35$

㉑ $24 \div 4 =$ ___
↓ ↑
$4 \times$ ___ $= 24$

㉒ $6 \div 6 =$ ___
↓ ↑
$6 \times$ ___ $= 6$

㉓ $81 \div 9 =$ ___
↓ ↑
$9 \times$ ___ $= 81$

㉔ $9 \div 3 =$ ___
↓ ↑
$3 \times$ ___ $= 9$

㉕ $45 \div 9 =$ ___
↓ ↑
$9 \times$ ___ $= 45$

㉖ $64 \div 8 =$ ___
↓ ↑
$8 \times$ ___ $= 64$

㉗ $8 \div 2 =$ ___
↓ ↑
$2 \times$ ___ $= 8$

㉘ $36 \div 4 =$ ___
↓ ↑
$4 \times$ ___ $= 36$

㉙ $27 \div 9 =$ ___
↓ ↑
$9 \times$ ___ $= 27$

㉚ $12 \div 3 =$ ___
↓ ↑
$3 \times$ ___ $= 12$

곱셈식에서 곱하는 수는 나눗셈의 몫과 같아.

05 곱셈식으로 나눗셈의 몫 구하기 (2)

● 곱하는 수를 이용하여 나눗셈의 몫을 구해 보세요.

① $2\times$ 1 $=2$ ➡ $2\div2=$ 1

❶ 2단 곱셈구구에서
❷ 계산 결과가 2인 경우는 2×1=2예요.

② $5\times$ ___ $=45$ ➡ $45\div5=$ ___

❶ 5단 곱셈구구에서
❷ 계산 결과가 45인 경우를 찾아요.

③ $4\times$ ___ $=20$ ➡ $20\div4=$ ___

④ $9\times$ ___ $=36$ ➡ $36\div9=$ ___

⑤ $7\times$ ___ $=14$ ➡ $14\div7=$ ___

⑥ $3\times$ ___ $=15$ ➡ $15\div3=$ ___

⑦ $2\times$ ___ $=18$ ➡ $18\div2=$ ___

⑧ $4\times$ ___ $=12$ ➡ $12\div4=$ ___

⑨ $3\times$ ___ $=21$ ➡ $21\div3=$ ___

⑩ $7\times$ ___ $=42$ ➡ $42\div7=$ ___

⑪ $5\times$ ___ $=10$ ➡ $10\div5=$ ___

⑫ $6\times$ ___ $=48$ ➡ $48\div6=$ ___

⑬ $9\times$ ___ $=45$ ➡ $45\div9=$ ___

⑭ $8\times$ ___ $=32$ ➡ $32\div8=$ ___

⑮ $6\times$ ___ $=36$ ➡ $36\div6=$ ___

⑯ $5\times$ ___ $=40$ ➡ $40\div5=$ ___

⑰ $7 \times \_\_\_ = 7$ ➡ $7 \div 7 = \_\_\_$

⑱ $3 \times \_\_\_ = 12$ ➡ $12 \div 3 = \_\_\_$

⑲ $4 \times \_\_\_ = 32$ ➡ $32 \div 4 = \_\_\_$

⑳ $5 \times \_\_\_ = 30$ ➡ $30 \div 5 = \_\_\_$

㉑ $8 \times \_\_\_ = 24$ ➡ $24 \div 8 = \_\_\_$

㉒ $6 \times \_\_\_ = 18$ ➡ $18 \div 6 = \_\_\_$

㉓ $9 \times \_\_\_ = 63$ ➡ $63 \div 9 = \_\_\_$

㉔ $3 \times \_\_\_ = 3$ ➡ $3 \div 3 = \_\_\_$

㉕ $6 \times \_\_\_ = 24$ ➡ $24 \div 6 = \_\_\_$

㉖ $2 \times \_\_\_ = 6$ ➡ $6 \div 2 = \_\_\_$

㉗ $2 \times \_\_\_ = 12$ ➡ $12 \div 2 = \_\_\_$

㉘ $9 \times \_\_\_ = 72$ ➡ $72 \div 9 = \_\_\_$

㉙ $9 \times \_\_\_ = 81$ ➡ $81 \div 9 = \_\_\_$

㉚ $5 \times \_\_\_ = 20$ ➡ $20 \div 5 = \_\_\_$

$2 \times 3 = 6$ (2씩 3묶음은 6이야.)

2 2 2

3 3

$6 \div 2 = 3$ (6을 2로 똑같이 나누면 3씩이야.)

2, 3단 곱셈구구에서 곱이 나누어지는 수인 경우를 찾아봐.

06 2, 3으로 나누기

● 2단 곱셈구구를 생각하여 계산해 보세요.

① $8 \div 2 = 4$ ($2 \times 4 = 8$)

② $6 \div 2 =$ ($2 \times 3 = 6$)

③ $10 \div 2 =$

④ $18 \div 2 =$

⑤ $12 \div 2 =$

⑥ $4 \div 2 =$

⑦ $2 \div 2 =$

⑧ $14 \div 2 =$

⑨ $8 \div 2 =$

⑩ $12 \div 2 =$

⑪ $4 \div 2 =$

⑫ $16 \div 2 =$

● 3단 곱셈구구를 생각하여 계산해 보세요.

① $3 \div 3 = 1$ ($3 \times 1 = 3$)

② $15 \div 3 =$

③ $24 \div 3 =$

④ $6 \div 3 =$

⑤ $18 \div 3 =$

⑥ $9 \div 3 =$

⑦ $12 \div 3 =$

⑧ $21 \div 3 =$

⑨ $6 \div 3 =$

⑩ $27 \div 3 =$

⑪ $24 \div 3 =$

⑫ $18 \div 3 =$

07 4, 5로 나누기

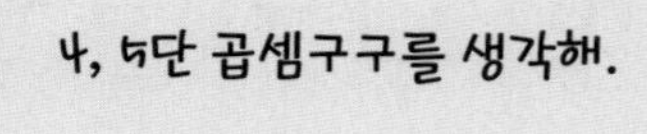

● 4단 곱셈구구를 생각하여 계산해 보세요.

① $4 \div 4 = 1$ ($4 \times 1 = 4$)

② $20 \div 4 =$

③ $16 \div 4 =$

④ $8 \div 4 =$

⑤ $24 \div 4 =$

⑥ $36 \div 4 =$

⑦ $28 \div 4 =$

⑧ $32 \div 4 =$

⑨ $20 \div 4 =$

⑩ $8 \div 4 =$

⑪ $12 \div 4 =$

⑫ $16 \div 4 =$

● 5단 곱셈구구를 생각하여 계산해 보세요.

① $10 \div 5 = 2$ ($5 \times 2 = 10$)

② $15 \div 5 =$

③ $40 \div 5 =$

④ $20 \div 5 =$

⑤ $5 \div 5 =$

⑥ $35 \div 5 =$

⑦ $40 \div 5 =$

⑧ $45 \div 5 =$

⑨ $5 \div 5 =$

⑩ $30 \div 5 =$

⑪ $25 \div 5 =$

⑫ $10 \div 5 =$

08 6, 7로 나누기

6, 7단 곱셈구구를 생각해.

● 6단 곱셈구구를 생각하여 계산해 보세요.

① $18 \div 6 = 3$ ($6 \times 3 = 18$)

② $30 \div 6 =$

③ $6 \div 6 =$

④ $48 \div 6 =$

⑤ $36 \div 6 =$

⑥ $12 \div 6 =$

⑦ $42 \div 6 =$

⑧ $24 \div 6 =$

⑨ $42 \div 6 =$

⑩ $12 \div 6 =$

⑪ $54 \div 6 =$

⑫ $36 \div 6 =$

● 7단 곱셈구구를 생각하여 계산해 보세요.

① $21 \div 7 = 3$ ($7 \times 3 = 21$)

② $7 \div 7 =$

③ $49 \div 7 =$

④ $28 \div 7 =$

⑤ $14 \div 7 =$

⑥ $42 \div 7 =$

⑦ $35 \div 7 =$

⑧ $56 \div 7 =$

⑨ $21 \div 7 =$

⑩ $63 \div 7 =$

⑪ $28 \div 7 =$

⑫ $7 \div 7 =$

09 8, 9로 나누기

8, 9단 곱셈구구를 이용하면 몫을 구할 수 있어.

● 8단 곱셈구구를 생각하여 계산해 보세요.

① $56 \div 8 = 7$ ($8 \times 7 = 56$)

② $40 \div 8 =$

③ $8 \div 8 =$

④ $16 \div 8 =$

⑤ $48 \div 8 =$

⑥ $24 \div 8 =$

⑦ $32 \div 8 =$

⑧ $16 \div 8 =$

⑨ $8 \div 8 =$

⑩ $64 \div 8 =$

⑪ $72 \div 8 =$

⑫ $56 \div 8 =$

● 9단 곱셈구구를 생각하여 계산해 보세요.

① $9 \div 9 = 1$ ($9 \times 1 = 9$)

② $27 \div 9 =$

③ $36 \div 9 =$

④ $63 \div 9 =$

⑤ $54 \div 9 =$

⑥ $81 \div 9 =$

⑦ $18 \div 9 =$

⑧ $72 \div 9 =$

⑨ $45 \div 9 =$

⑩ $36 \div 9 =$

⑪ $45 \div 9 =$

⑫ $18 \div 9 =$

나머지가 없는 곱셈구구 안에서의 나눗셈

일차	번호	제목	쪽	내용
1일차	01	가로셈	p118	나눗셈의 원리 ▶ 계산 방법과 자릿값의 이해
2일차	02	세로셈	p120	나눗셈의 원리 ▶ 계산 방법과 자릿값의 이해
	03	여러 가지 수로 나누기	p122	나눗셈의 원리 ▶ 계산 원리 이해
3일차	04	두 나눗셈 사이의 관계	p123	나눗셈의 원리 ▶ 계산 원리 이해
	05	계산하지 않고 크기 비교하기	p124	나눗셈의 원리 ▶ 계산 원리 이해
	06	0과 1의 나눗셈	p125	나눗셈의 원리 ▶ 계산 원리 이해
4일차	07	다르면서 같은 나눗셈	p126	나눗셈의 원리 ▶ 계산 원리 이해
	08	검산하기	p128	나눗셈의 원리 ▶ 계산 원리 이해
5일차	09	구슬의 무게 구하기	p129	나눗셈의 활용 ▶ 나눗셈의 적용
	10	단위가 있는 나눗셈	p130	나눗셈의 원리 ▶ 계산 원리 이해

나눗셈의 몫은 곱셈으로 구할 수 있어.

$$12-4-4-4=0$$

12에서 4를 3번 뺄 수 있습니다.

$$12 \div 4 = 3$$

나누어지는 수 / 나누는 수 / 몫

$$12 = 4 \times 3$$

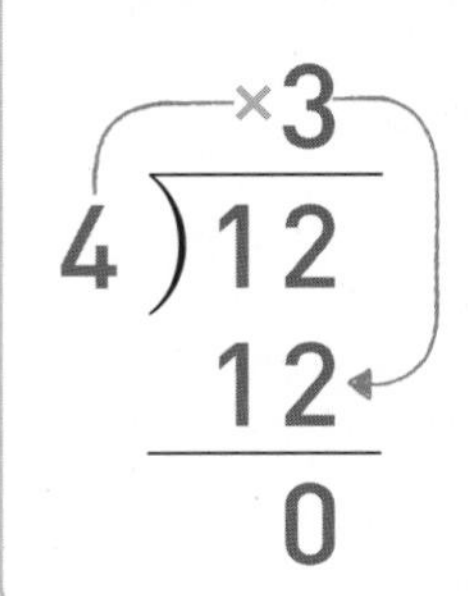

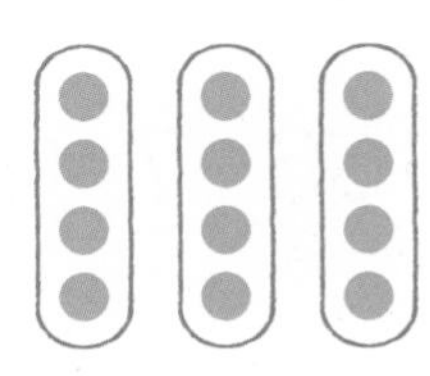

"4단 곱셈구구의 곱으로 나눗셈의 몫을 구해."

4가 3번 있어야 12가 됩니다.

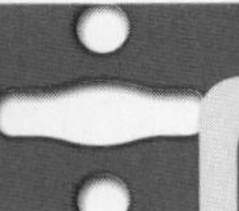

01 가로셈

나누는 수의 단 곱셈구구를 이용하여 몫을 구할 수 있어.

● 나눗셈의 몫을 구해 보세요.

① $12 \div 4 = 3$ ($4 \times 3 = 12$)	② $16 \div 2 =$ ($2 \times 8 = 16$)	③ $21 \div 7 =$
④ $36 \div 6 =$	⑤ $27 \div 3 =$	⑥ $8 \div 4 =$
⑦ $35 \div 7 =$	⑧ $40 \div 5 =$	⑨ $10 \div 2 =$
⑩ $8 \div 8 =$	⑪ $72 \div 9 =$	⑫ $18 \div 6 =$
⑬ $36 \div 4 =$	⑭ $30 \div 5 =$	⑮ $21 \div 3 =$
⑯ $28 \div 7 =$	⑰ $45 \div 9 =$	⑱ $24 \div 6 =$
⑲ $64 \div 8 =$	⑳ $56 \div 7 =$	㉑ $24 \div 4 =$
㉒ $15 \div 5 =$	㉓ $36 \div 9 =$	㉔ $48 \div 8 =$
㉕ $48 \div 6 =$	㉖ $28 \div 4 =$	㉗ $54 \div 9 =$

㉘ $72 \div 8 =$

㉙ $12 \div 3 =$

㉚ $24 \div 3 =$

㉛ $42 \div 7 =$

㉜ $63 \div 9 =$

㉝ $12 \div 2 =$

㉞ $54 \div 6 =$

㉟ $16 \div 4 =$

㊱ $40 \div 8 =$

㊲ $14 \div 2 =$

㊳ $25 \div 5 =$

㊴ $42 \div 6 =$

㊵ $32 \div 8 =$

㊶ $18 \div 2 =$

㊷ $63 \div 7 =$

㊸ $32 \div 4 =$

㊹ $18 \div 3 =$

㊺ $14 \div 7 =$

㊻ $20 \div 5 =$

㊼ $30 \div 6 =$

㊽ $15 \div 3 =$

㊾ $24 \div 8 =$

㊿ $35 \div 5 =$

(51) $81 \div 9 =$

(52) $45 \div 5 =$

(53) $49 \div 7 =$

(54) $20 \div 4 =$

공부한 날: 월 일 **1일차**

02 세로셈

세로셈에서 몫을 쓸 때는 자리를 맞추어 써야 해.

● 나눗셈의 몫을 구해 보세요.

① $12 \div 3$

② $12 \div 4$

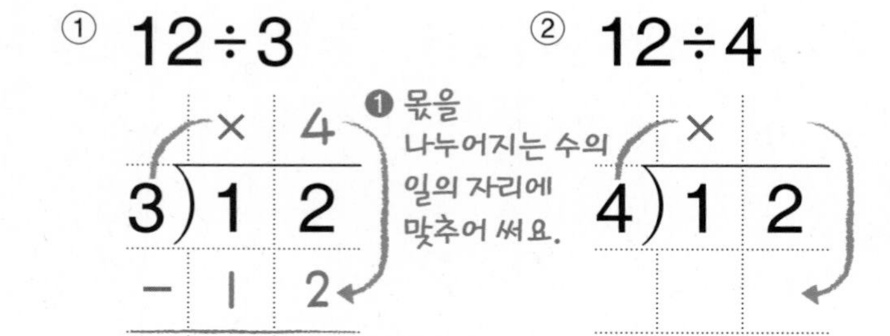

③ $42 \div 7$

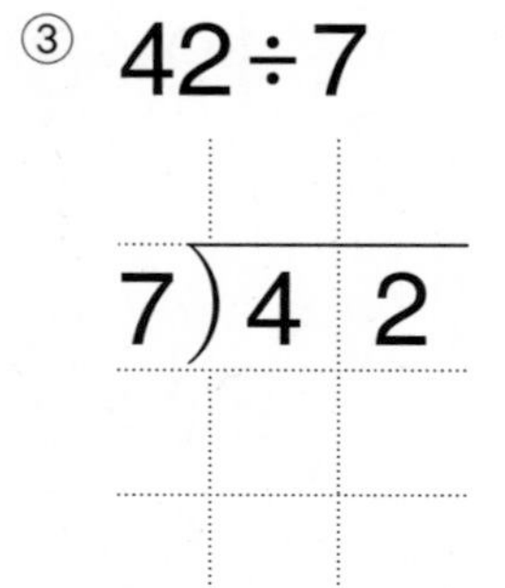

④ $40 \div 8$

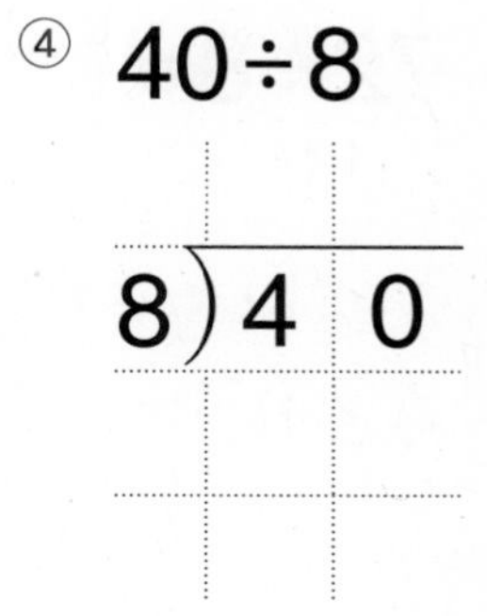

⑤ $16 \div 2$

2)1 6

⑥ $54 \div 6$

6)5 4

⑦ $28 \div 4$

4)2 8

⑧ $18 \div 3$

3)1 8

⑨ $56 \div 7$

7)5 6

⑩ $24 \div 6$

6)2 4

⑪ $32 \div 8$

8)3 2

⑫ $35 \div 5$

5)3 5

⑬ $36 \div 4$

4)3 6

⑭ $21 \div 7$

7)2 1

⑮ $48 \div 8$

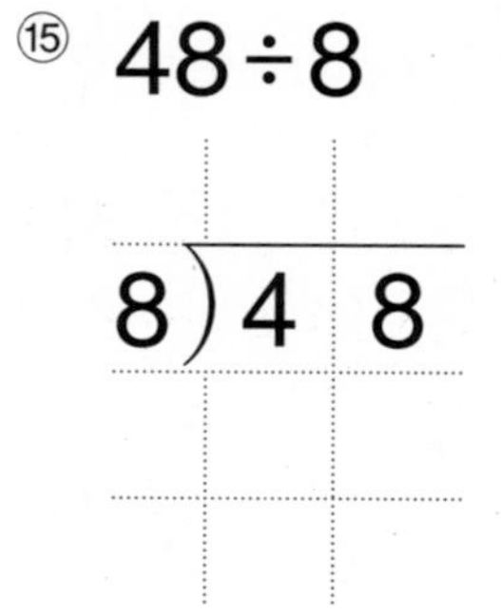

⑯ $27 \div 9$

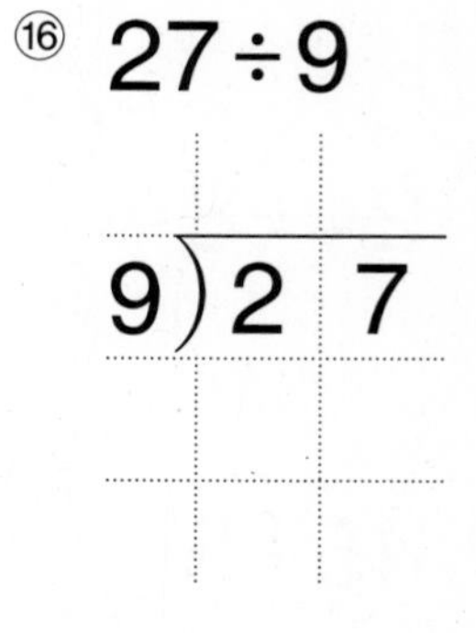

⑰ 5)4 5

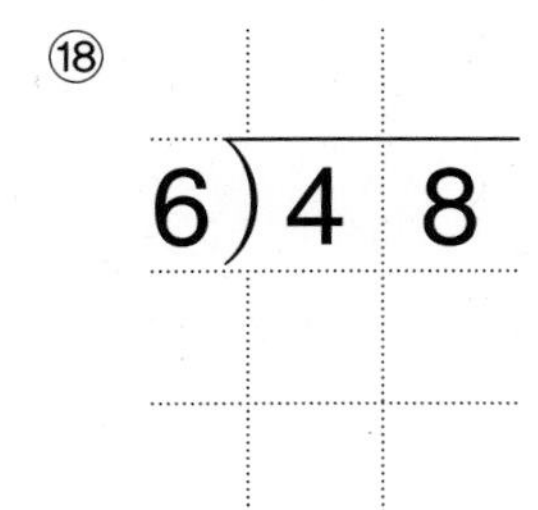

⑱ 6)4 8

⑲ 9)1 8

⑳ 4)2 4

㉑ 3)2 1

㉒ 9)4 5

㉓ 5)2 5

㉔ 3)2 7

㉕ 9)3 6

㉖ 5)4 0

㉗ 8)6 4

㉘ 9)7 2

㉙ 5)1 5

㉚ 4)1 6

㉛ 7)6 3

㉜ 3)2 4

㉝ 4)3 2

㉞ 2)1 8

㉟ 6)3 0

㊱ 9)6 3

나누는 수에 따라 몫이 어떻게 달라지는지 살펴봐.

03 여러 가지 수로 나누기

● 나눗셈의 몫을 구해 보세요.

① $16 \div 4 = 4$
$16 \div 2 = 8$
작아지면 커져요.

② $12 \div 6 =$
$12 \div 3 =$

③ $4 \div 4 =$
$4 \div 2 =$

④ $24 \div 8 =$
$24 \div 4 =$

⑤ $32 \div 8 =$
$32 \div 4 =$

⑥ $6 \div 6 =$
$6 \div 2 =$

⑦ $12 \div 4 =$
$12 \div 2 =$

⑧ $9 \div 9 =$
$9 \div 3 =$

⑨ $27 \div 9 =$
$27 \div 3 =$

⑩ $16 \div 8 =$
$16 \div 4 =$

⑪ $8 \div 8 =$
$8 \div 4 =$

⑫ $18 \div 9 =$
$18 \div 3 =$

⑬ $7 \div 7 =$
$7 \div 1 =$

⑭ $18 \div 6 =$
$18 \div 2 =$

⑮ $12 \div 6 =$
$12 \div 2 =$

세 수의 관계를 생각해 봐.

04 두 나눗셈 사이의 관계

● 나눗셈의 몫을 구해 보세요.

① $15 \div 5 = 3$
$15 \div 3 = 5$
$5 \times 3 = 15$로 두 나눗셈의 몫을 구할 수 있어요.

② $10 \div 5 =$
$10 \div 2 =$

③ $45 \div 9 =$
$45 \div 5 =$

④ $32 \div 8 =$
$32 \div 4 =$

⑤ $21 \div 7 =$
$21 \div 3 =$

⑥ $20 \div 5 =$
$20 \div 4 =$

⑦ $14 \div 7 =$
$14 \div 2 =$

⑧ $40 \div 8 =$
$40 \div 5 =$

⑨ $28 \div 7 =$
$28 \div 4 =$

⑩ $42 \div 7 =$
$42 \div 6 =$

⑪ $35 \div 7 =$
$35 \div 5 =$

⑫ $56 \div 8 =$
$56 \div 7 =$

⑬ $63 \div 9 =$
$63 \div 7 =$

⑭ $48 \div 6 =$
$48 \div 8 =$

⑮ $72 \div 9 =$
$72 \div 8 =$

수의 크기를 잘 살펴봐! 계산하지 않아도 알 수 있어.

05 계산하지 않고 크기 비교하기

● 계산하지 않고 크기를 비교하여 ○ 안에 >, <를 써 보세요.

① 같은 수를 나눌 때
$12 \div 6$ (<) $12 \div 4$
큰 수로 나눌수록 몫이 작아져요.

② $24 \div 6$ ○ $24 \div 8$

③ $12 \div 2$ ○ $12 \div 1$

④ $63 \div 7$ ○ $63 \div 9$

⑤ $18 \div 2$ ○ $18 \div 9$

⑥ $42 \div 6$ ○ $42 \div 7$

⑦ $36 \div 6$ ○ $36 \div 4$

⑧ $21 \div 3$ ○ $21 \div 7$

⑨ 같은 수로 나눌 때
$10 \div 2$ (>) $6 \div 2$
큰 수를 나눌수록 몫이 커져요.

⑩ $32 \div 4$ ○ $20 \div 4$

⑪ $63 \div 7$ ○ $35 \div 7$

⑫ $18 \div 9$ ○ $54 \div 9$

⑬ $27 \div 3$ ○ $24 \div 3$

⑭ $64 \div 8$ ○ $16 \div 8$

⑮ $42 \div 6$ ○ $54 \div 6$

⑯ $45 \div 5$ ○ $10 \div 5$

몫이 1이거나 0인 나눗셈은 어떤 경우일까?

06 0과 1의 나눗셈

● 나눗셈의 몫을 구해 보세요.

① $2\div1=2$ ($1\times2=2$)
$2\div2=1$ ($2\times1=2$)
$0\div2=0$ ($2\times0=0$)

② $3\div1=$
$3\div3=$
$0\div3=$

1로 나눈 몫은 항상 자기 자신이에요.

③ $4\div1=$
$4\div4=$
$0\div4=$

④ $5\div1=$
$5\div5=$
$0\div5=$

같은 수로 나누면 몫은 항상 1이에요.

⑤ $6\div1=$
$6\div6=$
$0\div6=$

⑥ $8\div1=$
$8\div8=$
$0\div8=$

0을 어떤 수로 나누면 몫은 항상 0이에요.

⑦ $10\div1=$
$10\div10=$
$0\div10=$

⑧ $12\div1=$
$12\div12=$
$0\div12=$

⑨ $15\div1=$
$15\div15=$
$0\div15=$

⑩ $36\div1=$
$36\div36=$
$0\div36=$

⑪ $16\div1=$
$16\div16=$
$0\div16=$

왜 0으로는 나눌 수 없을까?

$6\div0$ ➡ $6-0-0-0-0\cdots=\not{0}$

아무리 많이 빼도 0이 되지 않으니까.

식이 달라도 몫이 같은 까닭을 생각해 봐.

07 다르면서 같은 나눗셈

● 나눗셈의 몫을 구해 보세요.

① $4 \div 2 = 2$

$8 \div 4 = 2$

$16 \div 8 = 2$

커진 만큼 커져요.

② $18 \div 3 =$

$36 \div 6 =$

$54 \div 9 =$

③ $12 \div 3 =$

$24 \div 6 =$

$36 \div 9 =$

④ $18 \div 2 =$

$36 \div 4 =$

$72 \div 8 =$

⑤ $3 \div 3 =$

$6 \div 6 =$

$9 \div 9 =$

⑥ $7 \div 1 =$

$28 \div 4 =$

$56 \div 8 =$

⑦ $6 \div 2 =$

$12 \div 4 =$

$18 \div 6 =$

⑧ $6 \div 1 =$

$12 \div 2 =$

$24 \div 4 =$

⑨ $24 \div 8 =$

$12 \div 4 =$

$6 \div 2 =$

작아진 만큼 작아져요.

⑩ $24 \div 4 =$

$12 \div 2 =$

$6 \div 1 =$

⑪ $64 \div 8 =$

$32 \div 4 =$

$16 \div 2 =$

⑫ $81 \div 9 =$

$27 \div 3 =$

$9 \div 1 =$

⑬ $56 \div 8 =$

$28 \div 4 =$

$7 \div 1 =$

⑭ $32 \div 8 =$

$16 \div 4 =$

$8 \div 2 =$

⑮ $45 \div 9 =$

$15 \div 3 =$

$5 \div 1 =$

⑯ $54 \div 6 =$

$27 \div 3 =$

$18 \div 2 =$

곱셈의 결과가 나누어지는 수가 되면 정답!

08 검산하기

● 나눗셈의 몫을 구하고 계산이 맞았는지 검산해 보세요.

① $10 \div 5 =$ 2

↓ ↓

5 × 2 = 10

나누어지는 수가 나오면 맞게 계산한 거예요.

② $18 \div 3 =$ ____

↓ ↓

____ × ____ = ____

③ $35 \div 7 =$ ____

↓ ↓

____ × ____ = ____

④ $9 \div 1 =$ ____

↓ ↓

____ × ____ = ____

⑤ $16 \div 4 =$ ____

↓ ↓

____ × ____ = ____

⑥ $32 \div 8 =$ ____

↓ ↓

____ × ____ = ____

⑦ $48 \div 6 =$ ____

↓ ↓

____ × ____ = ____

⑧ $12 \div 2 =$ ____

↓ ↓

____ × ____ = ____

⑨ $15 \div 3 =$ ____

↓ ↓

____ × ____ = ____

⑩ $27 \div 9 =$ ____

↓ ↓

____ × ____ = ____

⑪ $25 \div 5 =$ ____

↓ ↓

____ × ____ = ____

⑫ $56 \div 7 =$ ____

↓ ↓

____ × ____ = ____

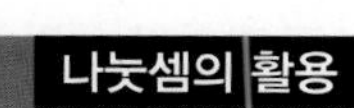

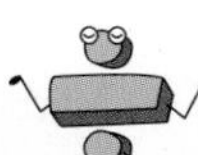

09 구슬의 무게 구하기

● 구슬 1개의 무게를 구해 보세요.

① 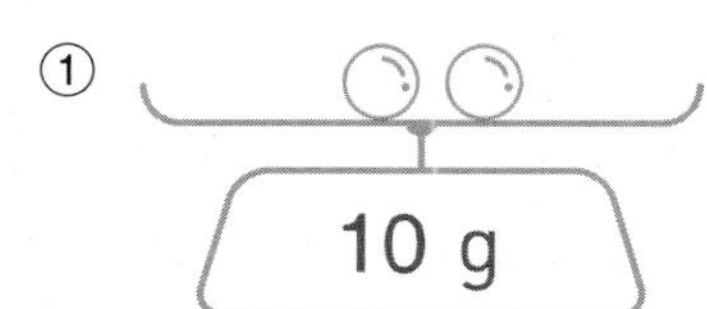

10	÷	2	=	5

5 g

단위를 써서 답해요.

② 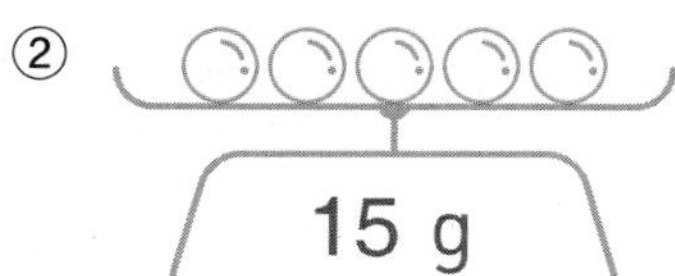

15	÷	5	=	

③ 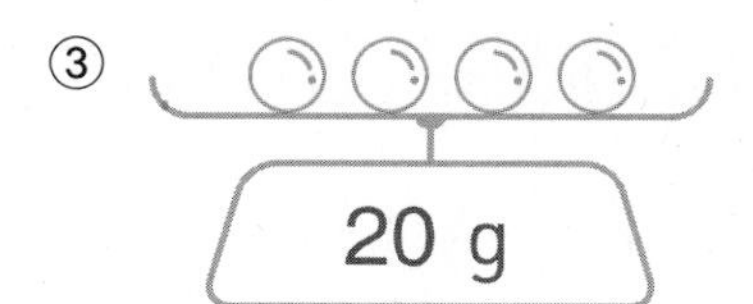

④ 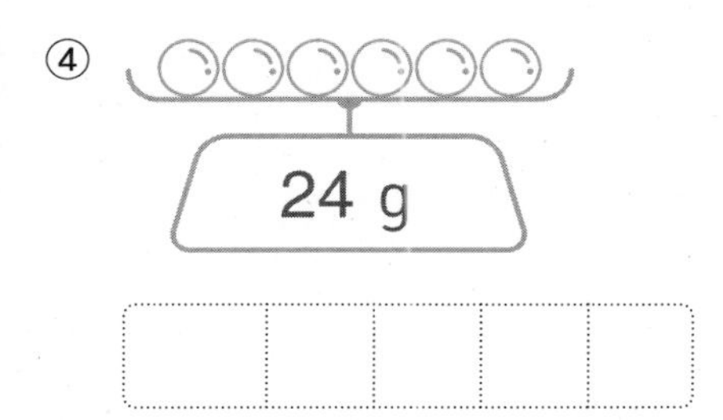

⑤ 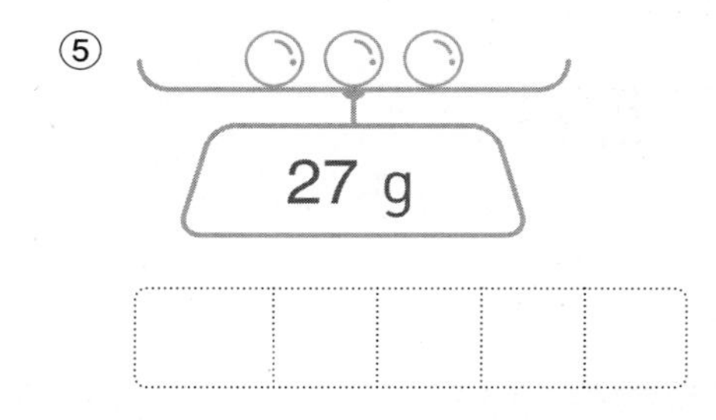

⑥ 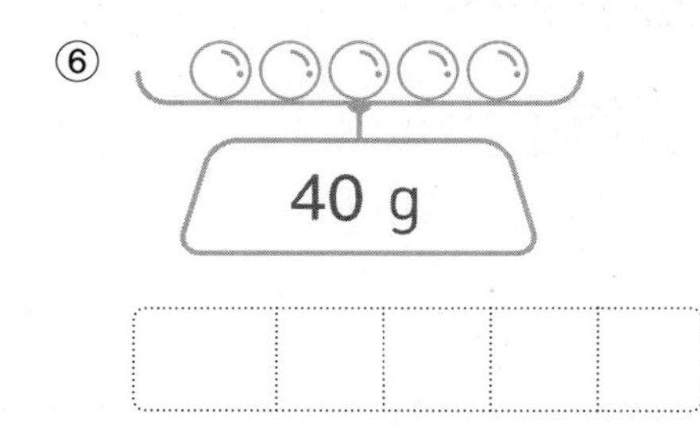

⑦ 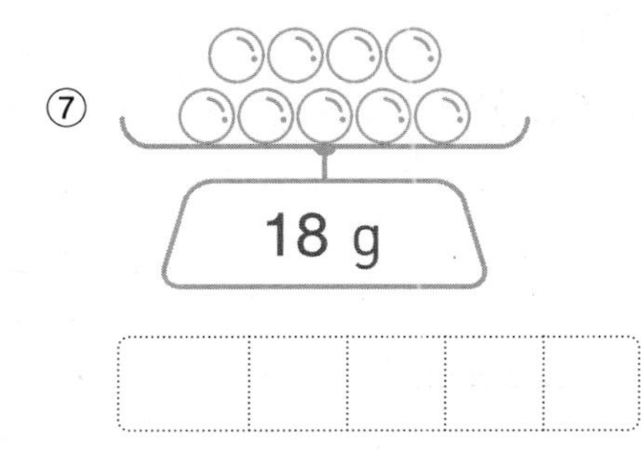

⑧ 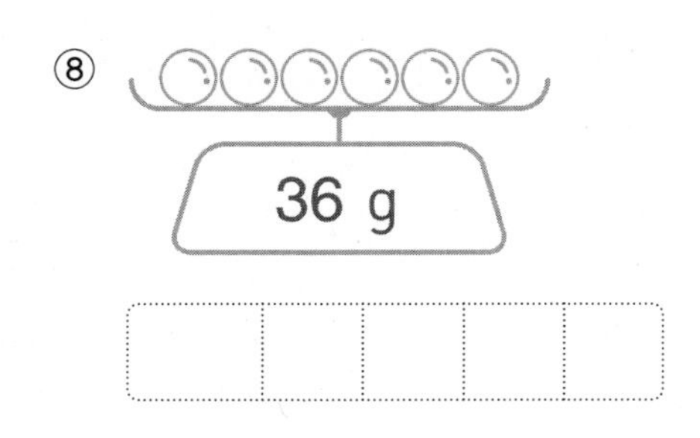

⑨ 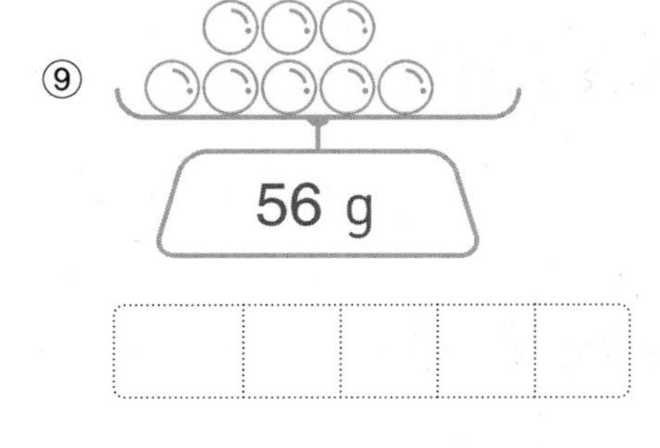

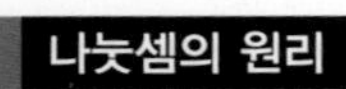

나눗셈의 몫이 나타내는 것이 무엇인지 생각해 봐.

10 단위가 있는 나눗셈

● 나눗셈을 하여 몫을 알맞게 써 보세요.

❶ 12 cm를 6 cm씩 나누면 2(개)가 돼요.

① 12 cm ÷ 6 cm = 2

12 cm ÷ 6 = 2 cm

❷ 12 cm를 6(여섯)으로 똑같이 나눈 것 중의 하나는 2 cm예요.

② 28 cm ÷ 4 cm =

28 cm ÷ 4 =

③ 35 cm ÷ 7 cm =

35 cm ÷ 7 =

④ 18 cm ÷ 3 cm =

18 cm ÷ 3 =

⑤ 63 cm ÷ 9 cm =

63 cm ÷ 9 =

⑥ 8 cm ÷ 2 cm =

8 cm ÷ 2 =

⑦ 16 cm ÷ 8 cm =

16 cm ÷ 8 =

⑧ 15 cm ÷ 5 cm =

15 cm ÷ 5 =

⑨ 30 cm ÷ 6 cm =

30 cm ÷ 6 =

⑩ 24 cm ÷ 3 cm =

24 cm ÷ 3 =

⑪ 72 cm ÷ 8 cm =

72 cm ÷ 8 =

⑫ 5 cm ÷ 5 cm =

5 cm ÷ 5 =

⑬ 21 cm ÷ 7 cm =

21 cm ÷ 7 =

⑭ 42 cm ÷ 6 cm =

42 cm ÷ 6 =

⑮ 36 cm ÷ 9 cm =

36 cm ÷ 9 =

⑯ 8 g÷4 g=

8 g÷4=

⑰ 49 g÷7 g=

49 g÷7=

⑱ 3 g÷1 g=

3 g÷1=

⑲ 20 g÷5 g=

20 g÷5=

⑳ 6 g÷3 g=

6 g÷3=

㉑ 45 g÷9 g=

45 g÷9=

㉒ 54 g÷6 g=

54 g÷6=

㉓ 32 g÷4 g=

32 g÷4=

㉔ 10 g÷2 g=

10 g÷2=

㉕ 56 g÷7 g=

56 g÷7=

㉖ 40 g÷5 g=

40 g÷5=

㉗ 12 g÷2 g=

12 g÷2=

㉘ 24 g÷4 g=

24 g÷4=

㉙ 81 g÷9 g=

81 g÷9=

㉚ 32 g÷8 g=

32 g÷8=

× 10 올림이 없는 (두 자리 수)×(한 자리 수)

일차	번호	제목	쪽	내용
1일차	01	수를 가르기하여 계산하기	p134	곱셈의 원리 ▶ 계산 원리 이해
	02	자리별로 계산하기	p136	곱셈의 원리 ▶ 계산 방법과 자릿값의 이해
2일차	03	세로셈	p138	곱셈의 원리 ▶ 계산 방법과 자릿값의 이해
3일차	04	가로셈	p140	곱셈의 원리 ▶ 계산 방법과 자릿값의 이해
4일차	05	여러 가지 수 곱하기	p142	곱셈의 원리 ▶ 계산 원리 이해
	06	바꾸어 곱하기	p144	곱셈의 성질 ▶ 교환법칙
5일차	07	10배 한 수 구하기	p145	곱셈의 원리 ▶ 계산 원리 이해
	08	사각형의 수 구하기	p146	곱셈의 활용 ▶ 곱셈의 적용
	09	지워진 수 찾기	p147	곱셈의 감각 ▶ 수의 조작

일의 자리와 십의 자리를 각각 곱해서 자리에 맞게 써.

● 23 × 3

일의 자리의 곱과 십의 자리의 곱을 더해.

	십	일	
	2	3	
×		3	
		9	← 3×3 (일의 자리)
+	6	0	← 20×3 (십의 자리)
	6	9	← 23×3

곱셈의 원리

01 수를 가르기하여 계산하기

● 곱해지는 수를 가르기하여 곱셈을 해 보세요.

① $2\times3=$ 6
$10\times3=$ 30
$12\times3=$ 36
12=2+10으로 가르기하여 계산해요.

② $1\times1=$
$20\times1=$
$21\times1=$
21=1+20

③ $3\times2=$
$30\times2=$
$33\times2=$

④ $2\times1=$
$40\times1=$
$42\times1=$

⑤ $1\times3=$
$30\times3=$
$31\times3=$

⑥ $4\times2=$
$40\times2=$
$44\times2=$

⑦ $4\times1=$
$20\times1=$
$24\times1=$

⑧ $0\times4=$
$20\times4=$
$20\times4=$

⑨ $3\times2=$
$10\times2=$
$13\times2=$

⑩ $3\times3=$
$10\times3=$
$13\times3=$

⑪ $1\times2=$
$30\times2=$
$31\times2=$

⑫ $1\times7=$
$10\times7=$
$11\times7=$

⑬ $2\times3=$
$30\times3=$
$32\times3=$

⑭ $1\times2=$
$10\times2=$
$11\times2=$

⑮ $2\times2=$
$40\times2=$
$42\times2=$

⑯ $0\times5=$
$10\times5=$
$10\times5=$

⑰ $2\times3=$
$20\times3=$
$22\times3=$

⑱ $3\times2=$
$40\times2=$
$43\times2=$

⑲ $4\times2=$
$10\times2=$
$14\times2=$

⑳ $8\times1=$
$50\times1=$
$58\times1=$

㉑ $5\times1=$
$30\times1=$
$35\times1=$

㉒ $3\times2=$
$20\times2=$
$23\times2=$

㉓ $1\times2=$
$40\times2=$
$41\times2=$

㉔ $4\times2=$
$30\times2=$
$34\times2=$

곱셈의 원리

일의 자리와 십의 자리를 각각 곱해서 더하는 거란다.

02 자리별로 계산하기

● 각 자리의 곱을 구하여 더해 보세요.

①

	십	일	
	1	2	
×		4	
		8	❶ 2×4
+	4	0	❷ 10×4
	4	8	❸ 8+40

②

	십	일	
	1	1	
×		4	
			❶ 1×4
			❷ 10×4

③

	십	일
	1	0
×		2

④

	십	일
	1	1
×		3

⑤ 22×2

⑥ 44×2

⑦ 22×4

⑧ 24×2

⑨ 30×2

⑩ 32×2

⑪ 31×3

⑫ 33×3

⑬ 13×3

⑭ 22×1

⑮ 23×2

⑯ 40×1

⑰ $\begin{array}{r} 21 \\ \times\ \ 3 \\ \hline \end{array}$

⑱ $\begin{array}{r} 30 \\ \times\ \ 3 \\ \hline \end{array}$

⑲ $\begin{array}{r} 41 \\ \times\ \ 2 \\ \hline \end{array}$

⑳ $\begin{array}{r} 42 \\ \times\ \ 1 \\ \hline \end{array}$

㉑ $\begin{array}{r} 52 \\ \times\ \ 1 \\ \hline \end{array}$

㉒ $\begin{array}{r} 34 \\ \times\ \ 2 \\ \hline \end{array}$

㉓ $\begin{array}{r} 21 \\ \times\ \ 4 \\ \hline \end{array}$

㉔ $\begin{array}{r} 33 \\ \times\ \ 2 \\ \hline \end{array}$

㉕ $\begin{array}{r} 14 \\ \times\ \ 2 \\ \hline \end{array}$

㉖ $\begin{array}{r} 23 \\ \times\ \ 3 \\ \hline \end{array}$

㉗ $\begin{array}{r} 78 \\ \times\ \ 1 \\ \hline \end{array}$

㉘ $\begin{array}{r} 40 \\ \times\ \ 2 \\ \hline \end{array}$

㉙ $\begin{array}{r} 42 \\ \times\ \ 2 \\ \hline \end{array}$

㉚ $\begin{array}{r} 11 \\ \times\ \ 8 \\ \hline \end{array}$

㉛ $\begin{array}{r} 12 \\ \times\ \ 3 \\ \hline \end{array}$

㉜ $\begin{array}{r} 22 \\ \times\ \ 3 \\ \hline \end{array}$

곱셈의 원리

03 세로셈 자리를 맞추어 계산하는 것이 핵심!

● 곱셈을 해 보세요.

①
	십	일
	1	3
×		2
	2	6

❶ 3×2=6
❷ 1×2=2

②
	십	일
	2	0
×		2

❶ 0×2
❷ 2×2

③
	십	일
	4	0
×		1

④
	십	일
	1	1
×		4

⑤ 14×2

⑥ 21×2

⑦ 21×3

⑧ 22×2

⑨ 23×3

⑩ 10×7

⑪ 33×3

⑫ 34×2

⑬ 41×2

⑭ 20×3

⑮ 10×6

⑯ 11×3

⑰ 32×2

⑱ 13×3

⑲ 11×5

⑳ 44×2

㉑ 12×2

㉒ 31×3

㉓ 42×2

㉔ 23×2

㉕ $\begin{array}{r} 10 \\ \times \quad 5 \\ \hline \end{array}$

㉖ $\begin{array}{r} 20 \\ \times \quad 4 \\ \hline \end{array}$

㉗ $\begin{array}{r} 30 \\ \times \quad 3 \\ \hline \end{array}$

㉘ $\begin{array}{r} 10 \\ \times \quad 9 \\ \hline \end{array}$

㉙ $\begin{array}{r} 11 \\ \times \quad 8 \\ \hline \end{array}$

㉚ $\begin{array}{r} 30 \\ \times \quad 2 \\ \hline \end{array}$

㉛ $\begin{array}{r} 22 \\ \times \quad 4 \\ \hline \end{array}$

㉜ $\begin{array}{r} 24 \\ \times \quad 2 \\ \hline \end{array}$

㉝ $\begin{array}{r} 31 \\ \times \quad 2 \\ \hline \end{array}$

㉞ $\begin{array}{r} 12 \\ \times \quad 3 \\ \hline \end{array}$

㉟ $\begin{array}{r} 13 \\ \times \quad 2 \\ \hline \end{array}$

㊱ $\begin{array}{r} 22 \\ \times \quad 3 \\ \hline \end{array}$

㊲ $\begin{array}{r} 40 \\ \times \quad 2 \\ \hline \end{array}$

㊳ $\begin{array}{r} 21 \\ \times \quad 4 \\ \hline \end{array}$

㊴ $\begin{array}{r} 33 \\ \times \quad 2 \\ \hline \end{array}$

㊵ $\begin{array}{r} 14 \\ \times \quad 2 \\ \hline \end{array}$

㊶ $\begin{array}{r} 43 \\ \times \quad 2 \\ \hline \end{array}$

㊷ $\begin{array}{r} 32 \\ \times \quad 3 \\ \hline \end{array}$

㊸ $\begin{array}{r} 12 \\ \times \quad 4 \\ \hline \end{array}$

㊹ $\begin{array}{r} 11 \\ \times \quad 2 \\ \hline \end{array}$

㊺ $\begin{array}{r} 10 \\ \times \quad 8 \\ \hline \end{array}$

㊻ $\begin{array}{r} 11 \\ \times \quad 7 \\ \hline \end{array}$

㊼ $\begin{array}{r} 24 \\ \times \quad 2 \\ \hline \end{array}$

㊽ $\begin{array}{r} 10 \\ \times \quad 3 \\ \hline \end{array}$

곱셈의 원리

04 가로셈

십의 자리와 일의 자리를 각각 계산해야 해.

● 곱셈을 해 보세요.

① $10 \times 8 =$ 8 0 (십, 일)

② $11 \times 3 =$ ☐☐

③ $40 \times 2 =$ ☐☐

④ $20 \times 2 =$ ☐☐

⑤ $21 \times 3 =$ ☐☐

⑥ $31 \times 3 =$ ☐☐

⑦ $12 \times 2 =$ ☐☐

⑧ $14 \times 1 =$ ☐☐

⑨ $21 \times 2 =$ ☐☐

⑩ $22 \times 3 =$ ☐☐

⑪ $23 \times 2 =$ ☐☐

⑫ $41 \times 2 =$ ☐☐

⑬ $43 \times 2 =$ ☐☐

⑭ $23 \times 3 =$ ☐☐

⑮ $34 \times 2 =$ ☐☐

⑯ $10 \times 7 =$ ☐☐

⑰ $20 \times 3 =$ ☐☐

⑱ $30 \times 2 =$ ☐☐

⑲ $11 \times 2 =$ ☐☐

⑳ $13 \times 3 =$ ☐☐

㉑ $13 \times 2 =$ ☐☐

㉒ $21 \times 4 =$ ☐☐

㉓ $30 \times 3 =$ ☐☐

㉔ $31 \times 2 =$ ☐☐

㉕ 32×3=

㉖ 33×3=

㉗ 22×2=

㉘ 12×3=

㉙ 42×2=

㉚ 44×2=

㉛ 24×2=

㉜ 10×2=

㉝ 14×2=

㉞ 21×2=

㉟ 21×3=

㊱ 11×6=

㊲ 22×4=

㊳ 23×2=

㊴ 13×2=

㊵ 32×2=

㊶ 12×4=

㊷ 43×2=

㊸ 10×8=

㊹ 10×4=

㊺ 11×4=

㊻ 33×2=

알지?

곱셈은 같은 수를 여러 번 더했다는 뜻이야.

12×3

12

12

12

곱하는 수가 일정하게 늘어나면 곱이 어떻게 달라지는지 살펴봐.

05 여러 가지 수 곱하기

● 곱셈을 해 보세요.

① $10\times1=$ 10
$10\times2=$ 20
$10\times3=$ 30

곱하는 수가 1씩 커지면 / 곱은 10씩 커져요.

② $12\times1=$
$12\times2=$
$12\times3=$

③ $34\times0=$
$34\times1=$
$34\times2=$

④ $21\times2=$
$21\times3=$
$21\times4=$

⑤ $30\times1=$
$30\times2=$
$30\times3=$

⑥ $11\times7=$
$11\times8=$
$11\times9=$

⑦ $43\times0=$
$43\times1=$
$43\times2=$

⑧ $22\times2=$
$22\times3=$
$22\times4=$

⑨ $31\times1=$
$31\times2=$
$31\times3=$

⑩ $23\times1=$
$23\times2=$
$23\times3=$

⑪ $20\times2=$
$20\times3=$
$20\times4=$

⑫ $13\times1=$
$13\times2=$
$13\times3=$

⑬ $41\times2=$

$41\times1=$

$41\times0=$

곱하는 수가 1씩 작아지면 곱은 어떻게 될까요?

⑭ $32\times3=$

$32\times2=$

$32\times1=$

⑮ $10\times9=$

$10\times8=$

$10\times7=$

⑯ $21\times3=$

$21\times2=$

$21\times1=$

⑰ $11\times6=$

$11\times5=$

$11\times4=$

⑱ $33\times3=$

$33\times2=$

$33\times1=$

⑲ $10\times6=$

$10\times5=$

$10\times4=$

⑳ $24\times2=$

$24\times1=$

$24\times0=$

㉑ $22\times3=$

$22\times2=$

$22\times1=$

㉒ $11\times3=$

$11\times2=$

$11\times1=$

㉓ $42\times2=$

$42\times1=$

$42\times0=$

㉔ $20\times3=$

$20\times2=$

$20\times1=$

곱셈에서는 두 수를 바꾸어 곱해도 계산 결과는 같아.

06 바꾸어 곱하기

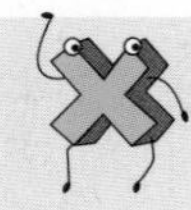

● 곱셈을 하고 계산 결과를 비교해 보세요.

① $11 \times 5 = 55$
$5 \times 11 = 55$
계산 결과는 같아요.

② $13 \times 2 =$
$2 \times 13 =$

③ $19 \times 1 =$
$1 \times 19 =$

④ $12 \times 4 =$
$4 \times 12 =$

⑤ $14 \times 2 =$
$2 \times 14 =$

⑥ $30 \times 3 =$
$3 \times 30 =$

⑦ $21 \times 2 =$
$2 \times 21 =$

⑧ $22 \times 3 =$
$3 \times 22 =$

⑨ $24 \times 2 =$
$2 \times 24 =$

⑩ $31 \times 2 =$
$2 \times 31 =$

⑪ $32 \times 3 =$
$3 \times 32 =$

⑫ $37 \times 1 =$
$1 \times 37 =$

⑬ $33 \times 3 =$
$3 \times 33 =$

⑭ $41 \times 2 =$
$2 \times 41 =$

⑮ $34 \times 2 =$
$2 \times 34 =$

⑯ $42 \times 2 =$
$2 \times 42 =$

⑰ $43 \times 2 =$
$2 \times 43 =$

⑱ $21 \times 4 =$
$4 \times 21 =$

곱하는 수가 10배가 되면 계산 결과도 10배가 된단다.

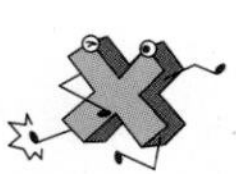

07 10배 한 수 구하기

● 곱셈을 해 보세요.

① $3\times1=$ 3
$3\times10=$ 30
$30\times1=$ 30

② $2\times3=$
$2\times30=$
$20\times3=$

③ $4\times2=$
$4\times20=$
$40\times2=$

④ $2\times2=$
$2\times20=$
$20\times2=$

⑤ $1\times6=$
$1\times60=$
$10\times6=$

⑥ $5\times1=$
$5\times10=$
$50\times1=$

⑦ $1\times9=$
$1\times90=$
$10\times9=$

⑧ $7\times1=$
$7\times10=$
$70\times1=$

⑨ $3\times3=$
$3\times30=$
$30\times3=$

⑩ $4\times1=$
$4\times10=$
$40\times1=$

⑪ $1\times8=$
$1\times80=$
$10\times8=$

⑫ $2\times1=$
$2\times10=$
$20\times1=$

곱셈의 활용

곱셈을 이용하면 다 세어 보지 않아도 사각형의 수를 구할 수 있어.

08 사각형의 수 구하기

● 곱셈식을 만들어 사각형은 몇 개인지 구해 보세요.

①

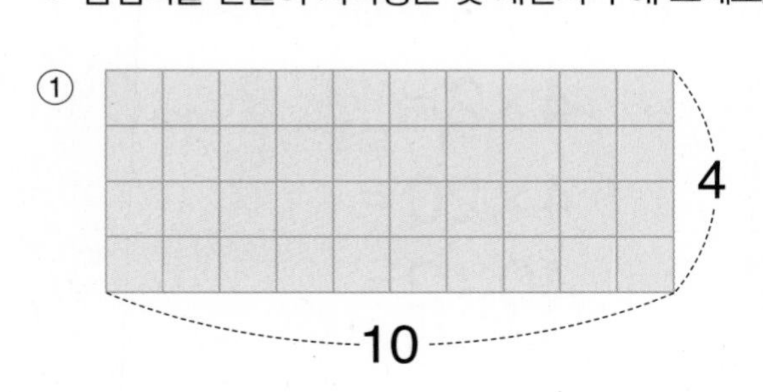

②

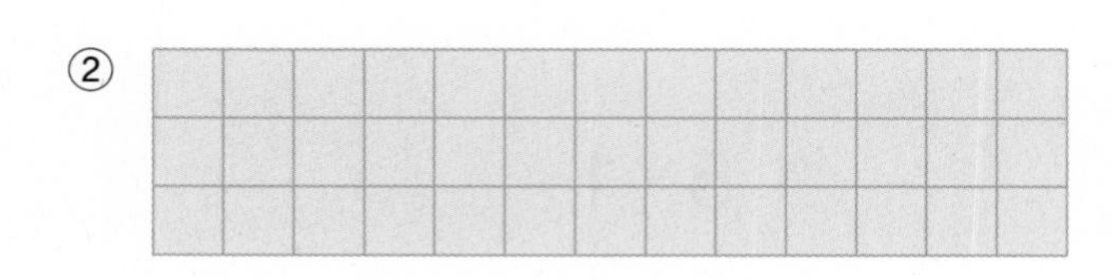

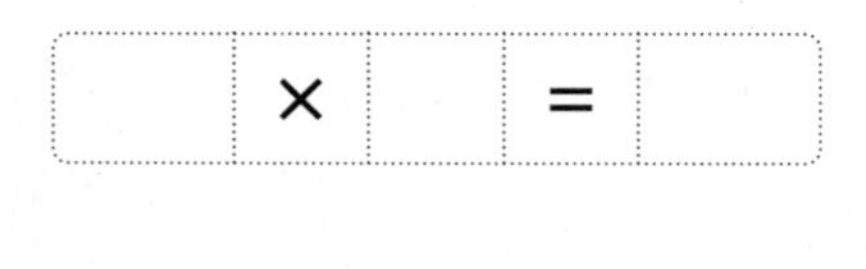

③

④

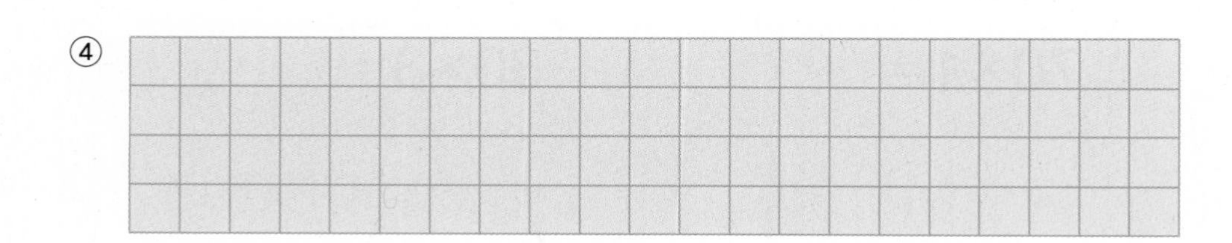

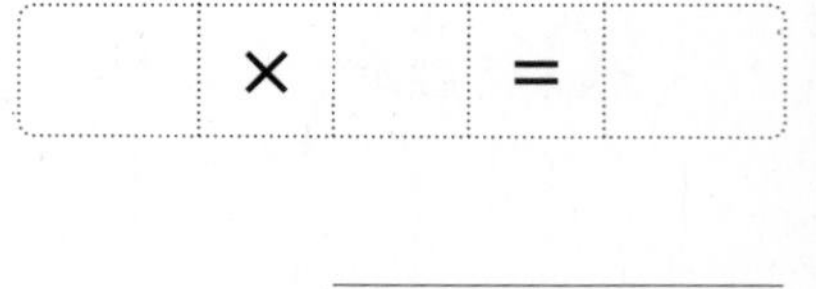

⑤

□ × □ = □

어떤 수를 넣어야 곱셈식이 완성될지 생각해 봐.

09 지워진 수 찾기

● 곱셈식에서 지워진 수가 무엇인지 ( ) 안에서 찾아 ● 안에 써 보세요.

① $\begin{array}{r} 10 \\ \times \; 4 \\ \hline 40 \end{array}$ [2 3 ④]

② $\begin{array}{r} 20 \\ \times \; ● \\ \hline 60 \end{array}$ [1 2 3]

③ $\begin{array}{r} 40 \\ \times \; ● \\ \hline 80 \end{array}$ [2 3 4]

④ $\begin{array}{r} 11 \\ \times \; ● \\ \hline 55 \end{array}$ [4 5 6]

⑤ $\begin{array}{r} 12 \\ \times \; ● \\ \hline 48 \end{array}$ [3 4 5]

⑥ $\begin{array}{r} 33 \\ \times \; ● \\ \hline 66 \end{array}$ [2 3 4]

⑦ $\begin{array}{r} 1● \\ \times \; 2 \\ \hline 26 \end{array}$ [1 2 3]

⑧ $\begin{array}{r} 2● \\ \times \; 1 \\ \hline 20 \end{array}$ [0 1 2]

⑨ $\begin{array}{r} 2● \\ \times \; 3 \\ \hline 63 \end{array}$ [1 2 3]

⑩ $\begin{array}{r} 4● \\ \times \; 2 \\ \hline 82 \end{array}$ [1 2 3]

⑪ $\begin{array}{r} 4● \\ \times \; 1 \\ \hline 42 \end{array}$ [0 1 2]

⑫ $\begin{array}{r} ●1 \\ \times \; 9 \\ \hline 99 \end{array}$ [1 2 3]

⑬ $\begin{array}{r} ●2 \\ \times \; 3 \\ \hline 96 \end{array}$ [2 3 4]

⑭ $\begin{array}{r} ●0 \\ \times \; 2 \\ \hline 60 \end{array}$ [1 2 3]

⑮ $\begin{array}{r} ●4 \\ \times \; 1 \\ \hline 54 \end{array}$ [3 4 5]

⑯ $\begin{array}{r} ●3 \\ \times \; 3 \\ \hline 99 \end{array}$ [1 2 3]

× 11 올림이 한 번 있는 (두 자리 수)×(한 자리 수)

일차	번호	내용	쪽	학습 목표
1일차	01	수를 가르기하여 계산하기	p150	곱셈의 원리 ▶ 계산 원리 이해
	02	자리별로 계산하기	p152	곱셈의 원리 ▶ 계산 방법과 자릿값의 이해
2일차	03	세로셈	p154	곱셈의 원리 ▶ 계산 방법과 자릿값의 이해
3일차	04	가로셈	p156	곱셈의 원리 ▶ 계산 방법과 자릿값의 이해
4일차	05	여러 가지 수 곱하기	p158	곱셈의 원리 ▶ 계산 원리 이해
	06	다르면서 같은 곱셈	p160	곱셈의 원리 ▶ 계산 원리 이해
5일차	07	계산하지 않고 크기 비교하기	p162	곱셈의 원리 ▶ 계산 방법 이해
	08	등식 완성하기	p163	곱셈의 성질 ▶ 등식

자리별로 곱하고 올림하여 더해.

● 24×3

$$
\begin{array}{r|l}
2 & 4 \\
\times \quad & 3 \\
\hline
1 & 2 \\
+\ 6 & 0 \\
\hline
7 & 2
\end{array}
$$

← 4×3 (일의 자리)

← 20×3 (십의 자리)

← 24×3

실제 계산에서는 올림을 표시하며 곱해.

$$
\begin{array}{r|l}
\text{십} & \text{일} \\
2 & 4 \\
\times \quad & 3 \\
\hline
\textcircled{1} & \\
7 & 2
\end{array}
$$

$4 \times 3 = 12$ ······ ❶ "일의 자리의 곱에서 10을 십의 자리로 올림해."

$20 \times 3 + 10 = 70$ ······ ❷ "십의 자리의 곱에 일의 자리에서 올림한 10을 반드시 더해야 해."

01 수를 가르기하여 계산하기

● 곱해지는 수를 가르기하여 곱셈을 해 보세요.

① 5×3=15
10×3=30
15×3=45
15=5+10으로 가르기하여 계산해요.

② 2×4=
40×4=
42×4=
42=2+40

③ 1×6=
30×6=
31×6=

④ 1×2=
70×2=
71×2=

⑤ 5×3=
20×3=
25×3=

⑥ 3×2=
50×2=
53×2=

⑦ 2×2=
90×2=
92×2=

⑧ 2×3=
80×3=
82×3=

⑨ 7×2=
10×2=
17×2=

⑩ 8×2=
20×2=
28×2=

⑪ 1×5=
40×5=
41×5=

⑫ 0×4=
60×4=
60×4=

⑬
$1\times5=$
$90\times5=$
$91\times5=$

⑭
$2\times3=$
$40\times3=$
$42\times3=$

⑮
$6\times6=$
$10\times6=$
$16\times6=$

⑯
$9\times2=$
$30\times2=$
$39\times2=$

⑰
$9\times4=$
$10\times4=$
$19\times4=$

⑱
$3\times3=$
$70\times3=$
$73\times3=$

⑲
$3\times3=$
$40\times3=$
$43\times3=$

⑳
$0\times9=$
$30\times9=$
$30\times9=$

㉑
$2\times4=$
$60\times4=$
$62\times4=$

중학생이 되면
분배법칙이라고 불러.

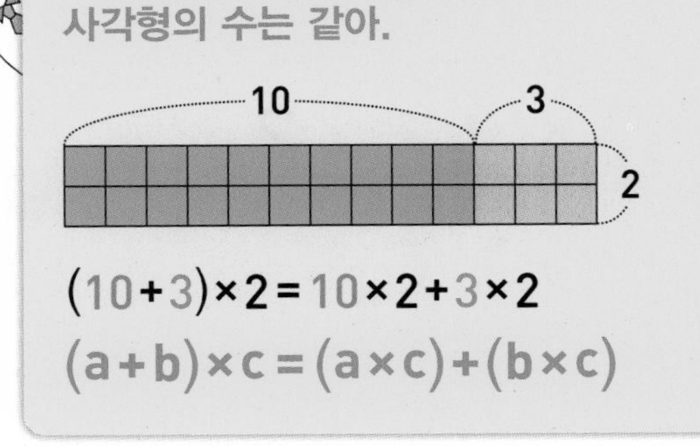

㉒
$3\times3=$
$50\times3=$
$53\times3=$

㉓
$5\times5=$
$10\times5=$
$15\times5=$

일의 자리와 십의 자리를 각각 곱해서 더하는 거란다.

02 자리별로 계산하기

● 각 자리의 곱을 구하여 더해 보세요.

①

	백	십	일	
		2	1	
×			7	
			7	❶ 1×7
+	1	4	0	❷ 20×7
	1	4	7	❸ ❶+❷

②

	백	십	일	
		1	5	
×			4	
				❶ 5×4
				❷ 10×4

③

	백	십	일
		4	0
×			4

④ 18×5

⑤ 31×5

⑥ 32×4

⑦ 42×3

⑧ 43×3

⑨ 60×5

⑩ 53×2

⑪ 16×3

⑫ 46×2

⑬ $\begin{array}{r} 13 \\ \times \quad 4 \\ \hline \end{array}$

⑭ $\begin{array}{r} 12 \\ \times \quad 8 \\ \hline \end{array}$

⑮ $\begin{array}{r} 15 \\ \times \quad 6 \\ \hline \end{array}$

⑯ $\begin{array}{r} 17 \\ \times \quad 4 \\ \hline \end{array}$

⑰ $\begin{array}{r} 61 \\ \times \quad 4 \\ \hline \end{array}$

⑱ $\begin{array}{r} 29 \\ \times \quad 3 \\ \hline \end{array}$

⑲ $\begin{array}{r} 41 \\ \times \quad 6 \\ \hline \end{array}$

⑳ $\begin{array}{r} 24 \\ \times \quad 3 \\ \hline \end{array}$

㉑ $\begin{array}{r} 24 \\ \times \quad 4 \\ \hline \end{array}$

㉒ $\begin{array}{r} 35 \\ \times \quad 2 \\ \hline \end{array}$

㉓ $\begin{array}{r} 84 \\ \times \quad 2 \\ \hline \end{array}$

㉔ $\begin{array}{r} 71 \\ \times \quad 2 \\ \hline \end{array}$

곱셈의 원리

03 세로셈 올림한 수를 잊지 않도록 해!

● 곱셈을 해 보세요.

①

	백	십	일
		1	3
×		1	5
		6	5

②

	백	십	일
		1	2
×		□	6

③

	백	십	일
		1	7
×		□	3

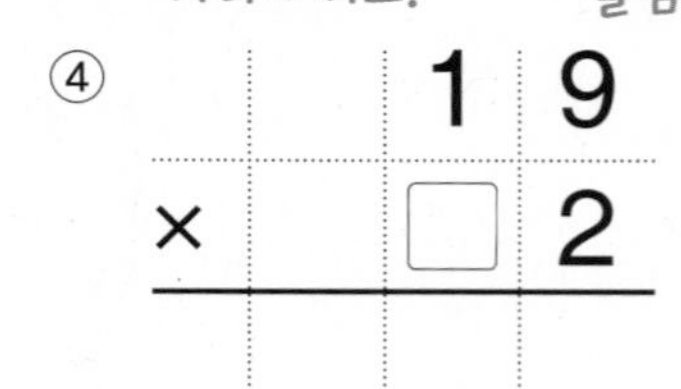

④

		1	9
×		□	2

⑤

		1	8
×		□	2

⑥

		2	6
×		□	3

⑦

		2	3
×		□	4

⑧

		2	8
×		□	3

⑨

		2	7
×		□	2

⑩

		1	6
×		□	3

⑪

		2	4
×		□	4

⑫

		1	7
×		□	4

⑬

		3	9
×		□	2

⑭

		3	8
×		□	2

⑮

		4	8
×		□	2

⑯

		3	5
×		□	2

⑰

		4	7
×		□	2

⑱

		2	6
×		□	2

⑲ 21 × 6 = 126 (❷ 2×6 ❶ 1×6)

$$\begin{array}{r} 2\ 1 \\ \times\quad 6 \\ \hline 1\ 2\ 6 \end{array}$$

❷ 2×6 ❶ 1×6

⑳ $\begin{array}{r} 3\ 2 \\ \times\quad 4 \\ \hline \end{array}$

㉑ $\begin{array}{r} 8\ 1 \\ \times\quad 9 \\ \hline \end{array}$

㉒ $\begin{array}{r} 4\ 1 \\ \times\quad 3 \\ \hline \end{array}$

㉓ $\begin{array}{r} 4\ 1 \\ \times\quad 4 \\ \hline \end{array}$

㉔ $\begin{array}{r} 3\ 1 \\ \times\quad 6 \\ \hline \end{array}$

㉕ $\begin{array}{r} 9\ 1 \\ \times\quad 8 \\ \hline \end{array}$

㉖ $\begin{array}{r} 5\ 3 \\ \times\quad 2 \\ \hline \end{array}$

㉗ $\begin{array}{r} 8\ 2 \\ \times\quad 4 \\ \hline \end{array}$

㉘ $\begin{array}{r} 6\ 4 \\ \times\quad 2 \\ \hline \end{array}$

㉙ $\begin{array}{r} 7\ 3 \\ \times\quad 2 \\ \hline \end{array}$

㉚ $\begin{array}{r} 7\ 4 \\ \times\quad 2 \\ \hline \end{array}$

㉛ $\begin{array}{r} 4\ 3 \\ \times\quad 3 \\ \hline \end{array}$

㉜ $\begin{array}{r} 6\ 1 \\ \times\quad 4 \\ \hline \end{array}$

㉝ $\begin{array}{r} 7\ 1 \\ \times\quad 5 \\ \hline \end{array}$

㉞ $\begin{array}{r} 9\ 2 \\ \times\quad 4 \\ \hline \end{array}$

㉟ $\begin{array}{r} 9\ 3 \\ \times\quad 3 \\ \hline \end{array}$

㊱ $\begin{array}{r} 5\ 1 \\ \times\quad 6 \\ \hline \end{array}$

04 가로셈

세로셈으로 하면 더 정확히 계산할 수 있어.

● 세로셈으로 쓰고 곱셈을 해 보세요.

① 40×5

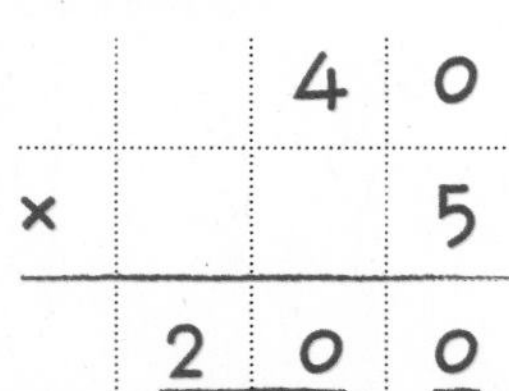

❷ $4 \times 5 = 20$에서 2를 백의 자리에 써요. ❶ $0 \times 5 = 0$

② 27×3

③ 18×4

④ 12×5

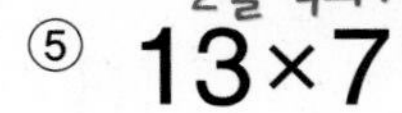

⑤ 13×7

⑥ 14×6

⑦ 21×6

⑧ 60×9

⑨ 31×4

⑩ 17×5

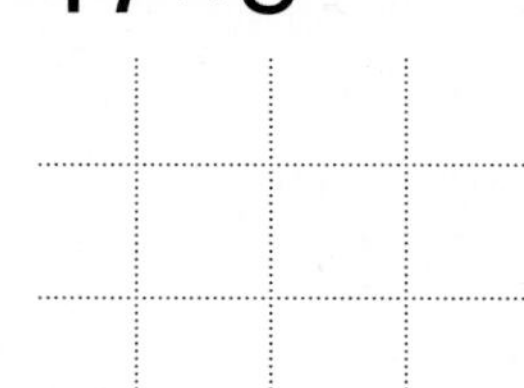

⑪ 41×7

⑫ 42×3

⑬ 20×7

⑭ 35×2

⑮ 81×5

⑯ 20×6

⑰ 16×4

⑱ 16×5

⑲ 70×7

⑳ 12×7

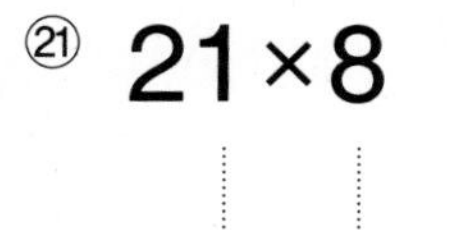

㉑ 21×8

㉒ 61×5

㉓ 51×3

㉔ 19×5

㉕ 31×8

㉖ 41×8

㉗ 93×3

㉘ 25×2

㉙ 42×4

㉚ 82×2

㉛ 12×8

㉜ 31×9

㉝ 50×7

㉞ 15×2

㉟ 16×2

㊱ 17×2

㊲ 21×7

㊳ 91×6

㊴ 41×9

㊵ 13×5

곱하는 수에 따라 계산 결과가 어떻게 달라지는지 비교해 봐.

05 여러 가지 수 곱하기

● 곱셈을 해 보세요.

① $30\times4=$ 120
$30\times5=$ 150
$30\times6=$ 180

곱하는 수가 1씩 커지면 계산 결과는 30씩 커져요.

② $15\times2=$
$15\times3=$
$15\times4=$

③ $40\times5=$
$40\times6=$
$40\times7=$

④ $24\times2=$
$24\times3=$
$24\times4=$

⑤ $21\times5=$
$21\times6=$
$21\times7=$

⑥ $52\times2=$
$52\times3=$
$52\times4=$

⑦ $41\times3=$
$41\times4=$
$41\times5=$

⑧ $62\times2=$
$62\times3=$
$62\times4=$

⑨ $31\times6=$
$31\times7=$
$31\times8=$

⑩ $82\times2=$
$82\times3=$
$82\times4=$

⑪ $91\times2=$
$91\times3=$
$91\times4=$

⑫ $72\times2=$
$72\times3=$
$72\times4=$

⑬ $20 \times 9 =$

$20 \times 8 =$

$20 \times 7 =$

곱하는 수가 1씩 작아지면 계산 결과는 어떻게 될까요?

⑭ $50 \times 9 =$

$50 \times 8 =$

$50 \times 7 =$

⑮ $13 \times 6 =$

$13 \times 5 =$

$13 \times 4 =$

⑯ $19 \times 5 =$

$19 \times 4 =$

$19 \times 3 =$

⑰ $41 \times 8 =$

$41 \times 7 =$

$41 \times 6 =$

⑱ $14 \times 7 =$

$14 \times 6 =$

$14 \times 5 =$

⑲ $16 \times 6 =$

$16 \times 5 =$

$16 \times 4 =$

⑳ $17 \times 4 =$

$17 \times 3 =$

$17 \times 2 =$

㉑ $81 \times 4 =$

$81 \times 3 =$

$81 \times 2 =$

㉒ $51 \times 4 =$

$51 \times 3 =$

$51 \times 2 =$

㉓ $61 \times 5 =$

$61 \times 4 =$

$61 \times 3 =$

㉔ $92 \times 4 =$

$92 \times 3 =$

$92 \times 2 =$

다른 식이지만 계산 결과가 같은 이유가 뭘까?

06 다르면서 같은 곱셈

● 곱셈을 해 보세요.

① $20 \times 6 =$ 120
$40 \times 3 =$ 120
커진 만큼 작아져요.

② $20 \times 8 =$
$40 \times 4 =$

③ $20 \times 9 =$
$60 \times 3 =$

④ $13 \times 6 =$
$26 \times 3 =$

⑤ $12 \times 8 =$
$24 \times 4 =$

⑥ $14 \times 4 =$
$28 \times 2 =$

⑦ $12 \times 6 =$
$24 \times 3 =$

⑧ $21 \times 6 =$
$42 \times 3 =$

⑨ $41 \times 6 =$
$82 \times 3 =$

⑩ $41 \times 8 =$
$82 \times 4 =$

⑪ $21 \times 8 =$
$84 \times 2 =$

⑫ $31 \times 6 =$
$93 \times 2 =$

⑬ $80\times4=$

$40\times8=$

작아진 만큼 커져요.

⑭ $46\times2=$

$23\times4=$

⑮ $60\times4=$

$30\times8=$

⑯ $28\times3=$

$14\times6=$

⑰ $36\times2=$

$18\times4=$

⑱ $48\times2=$

$12\times8=$

⑲ $62\times2=$

$31\times4=$

⑳ $82\times2=$

$41\times4=$

㉑ $39\times2=$

$13\times6=$

㉒ $45\times2=$

$15\times6=$

㉓ $64\times2=$

$32\times4=$

㉔ $62\times4=$

$31\times8=$

곱하는 수를 살펴보면 계산하지 않아도 크기를 비교할 수 있어.

곱셈의 원리

07 계산하지 않고 크기 비교하기

● 계산하지 않고 크기를 비교하여 가장 큰 것에 ○표 해 보세요.

① 30×5 30×6 30×7

모두 30에 곱했으니까 가장 큰 수를 곱한 결과가 가장 커요.

② 19×3 19×4 19×5

③ 15×4 15×5 15×6

④ 21×5 21×6 21×7

⑤ 17×5 17×4 17×3

⑥ 41×8 41×7 41×6

⑦ 91×4 91×3 91×2

⑧ 61×9 61×8 61×7

⑨ 29×3 28×3 27×3

모두 3을 곱했으니까 가장 큰 수에 곱한 결과가 가장 커요.

⑩ 53×2 52×2 51×2

⑪ 90×3 91×3 92×3

⑫ 17×5 18×5 19×5

⑬ 13×6 14×6 15×6

⑭ 41×3 43×3 42×3

'='는 '='의 왼쪽과 오른쪽이 같음을 나타내는 기호야.

08 등식 완성하기

● '='의 양쪽이 같게 되도록 빈칸에 알맞은 수를 써 보세요.

① $62\times4 = 240+$ 8

❶ 248 ❷ 248이 되려면 240에 8을 더해야 해요.

② $72\times2 = 140+$ ____

③ $81\times7 = 560+$ ____

④ $91\times5 = 450+$ ____

⑤ $43\times3 = 120+$ ____

⑥ $31\times7 = 210+$ ____

⑦ $25\times3 = 60+$ ____

⑧ $13\times5 = 50+$ ____

⑨ $14\times3 = 30+$ ____

⑩ $25\times2 = 40+$ ____

⑪ $39\times2 = 60+$ ____

⑫ $14\times7 = 70+$ ____

⑬ $19\times5 = 100-$ ____

⑭ $46\times2 = 100-$ ____

12 올림이 두 번 있는 (두 자리 수)×(한 자리 수)

일차			
1일차	01	수를 가르기하여 계산하기 p166	곱셈의 원리 ▶ 계산 원리 이해
	02	자리별로 계산하기 p167	곱셈의 원리 ▶ 계산 방법과 자릿값의 이해
2일차	03	세로셈 p168	곱셈의 원리 ▶ 계산 방법과 자릿값의 이해
3일차	04	가로셈 p170	곱셈의 원리 ▶ 계산 방법과 자릿값의 이해
4일차	05	묶어서 곱하기 p172	곱셈의 성질 ▶ 결합법칙
	06	정해진 수 곱하기 p173	곱셈의 원리 ▶ 계산 원리 이해
5일차	07	여러 가지 수 곱하기 p174	곱셈의 원리 ▶ 계산 원리 이해
	08	마주 보는 곱셈 p175	곱셈의 성질 ▶ 교환법칙
	09	크기 어림하기 p176	곱셈의 감각 ▶ 수의 조작

자리별로 곱하고 올림하여 더해.

● 25 × 5

		2	5	
×			5	
		2	5	← 5 × 5 (일의 자리)
+	1	0	0	← 20 × 5 (십의 자리)
	1	2	5	← 25 × 5

실제 계산에서는 올림을 표시하며 곱해.

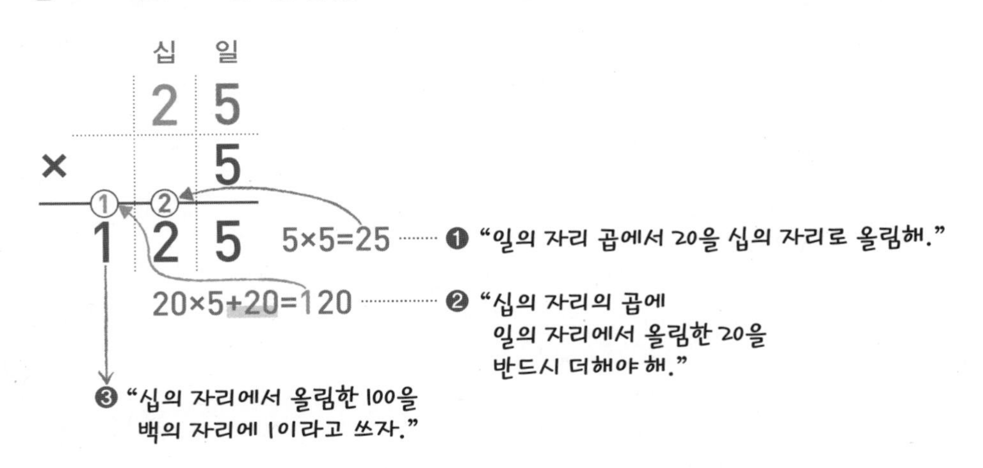

01 수를 가르기하여 계산하기

● 곱해지는 수를 가르기하여 곱셈을 해 보세요.

① $2\times7=$ 14
$20\times7=$ 140
(+)
$\underline{22}\times7=$ 154
22=2+20으로 가르기하여 계산해요.

② $2\times5=$
$30\times5=$
$\underline{32}\times5=$
32=2+30

③ $9\times3=$
$40\times3=$
$49\times3=$

④ $9\times6=$
$70\times6=$
$79\times6=$

⑤ $7\times4=$
$50\times4=$
$57\times4=$

⑥ $8\times2=$
$60\times2=$
$68\times2=$

⑦ $5\times5=$
$30\times5=$
$35\times5=$

⑧ $4\times9=$
$20\times9=$
$24\times9=$

⑨ $4\times8=$
$50\times8=$
$54\times8=$

⑩ $8\times7=$
$80\times7=$
$88\times7=$

⑪ $2\times9=$
$40\times9=$
$42\times9=$

⑫ $3\times6=$
$90\times6=$
$93\times6=$

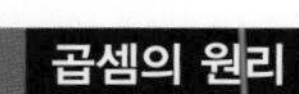

일의 자리와 십의 자리를 각각 곱해서 더하는 거란다.

02 자리별로 계산하기

● 각 자리의 곱을 구하여 더해 보세요.

①

	백	십	일	
		2	2	
×			5	
		1	0	❶ 2×5
+	1	0	0	❷ 20×5
	1	1	0	❸ ❶+❷

②

	백	십	일	
		2	4	
×			8	
				❶ 4×8
				❷ 20×8

③

	백	십	일
		3	5
×			4

④ 52×8

⑤ 63×7

⑥ 67×3

⑦ 84×9

⑧ 56×2

⑨ 73×6

⑩ 23×5

⑪ 54×3

⑫ 46×4

03 세로셈

올림한 수를 잊지 않도록 해!

● 곱셈을 해 보세요.

①

	백	십	일
		2	4
×		[2]	6
	1	4	4

❶ 4×6=24에서 4를 일의 자리에 쓰고

❷ 2를 올림한 자리에 써요.

❸ 2×6=12에 올림한 수 2를 더한 14를 써요.

②

	백	십	일
		4	5
×		□	5

③

	백	십	일
		3	6
×		□	4

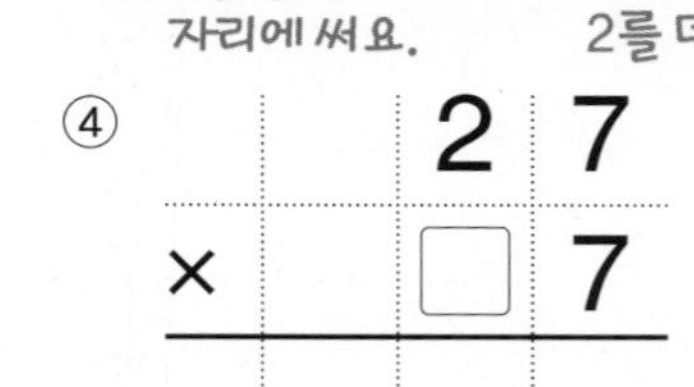

④ 27×7

⑤ 35×6

⑥ 55×2

⑦ 38×9

⑧ 39×7

⑨ 46×8

⑩ 52×6

⑪ 48×3

⑫ 69×2

⑬ 48×9

⑭ 74×7

⑮ 79×8

⑯ 36×7

⑰ 75×2

⑱ 99×9

⑲ 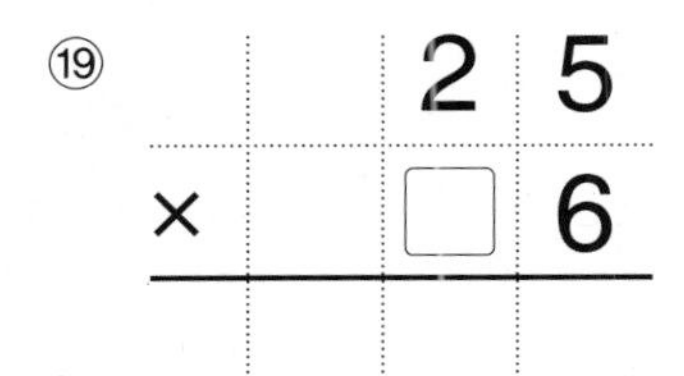
$$\begin{array}{r} 2\,5 \\ \times \ \square\,6 \\ \hline \end{array}$$

⑳
$$\begin{array}{r} 3\,4 \\ \times \ \square\,5 \\ \hline \end{array}$$

㉑
$$\begin{array}{r} 5\,7 \\ \times \ \square\,2 \\ \hline \end{array}$$

㉒
$$\begin{array}{r} 4\,3 \\ \times \ \square\,4 \\ \hline \end{array}$$

㉓
$$\begin{array}{r} 6\,3 \\ \times \ \square\,4 \\ \hline \end{array}$$

㉔
$$\begin{array}{r} 2\,6 \\ \times \ \square\,8 \\ \hline \end{array}$$

㉕
$$\begin{array}{r} 3\,2 \\ \times \ \square\,7 \\ \hline \end{array}$$

㉖
$$\begin{array}{r} 4\,2 \\ \times \ \square\,7 \\ \hline \end{array}$$

㉗
$$\begin{array}{r} 5\,2 \\ \times \ \square\,7 \\ \hline \end{array}$$

㉘
$$\begin{array}{r} 6\,7 \\ \times \ \square\,9 \\ \hline \end{array}$$

㉙
$$\begin{array}{r} 6\,7 \\ \times \ \square\,8 \\ \hline \end{array}$$

㉚
$$\begin{array}{r} 6\,7 \\ \times \ \square\,7 \\ \hline \end{array}$$

㉛
$$\begin{array}{r} 4\,4 \\ \times \ \square\,3 \\ \hline \end{array}$$

㉜
$$\begin{array}{r} 8\,7 \\ \times \ \square\,6 \\ \hline \end{array}$$

㉝ 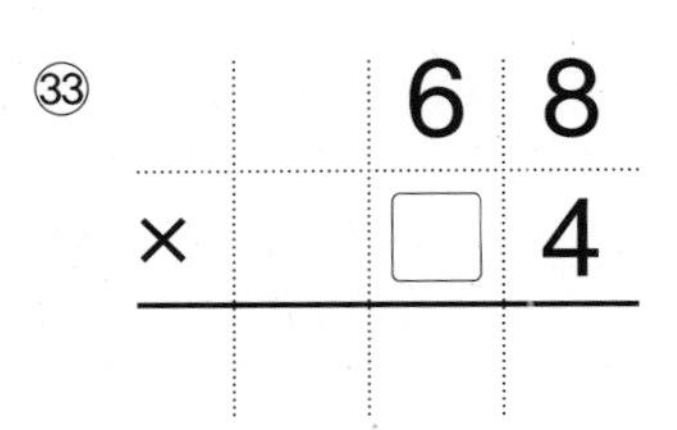
$$\begin{array}{r} 6\,8 \\ \times \ \square\,4 \\ \hline \end{array}$$

㉞
$$\begin{array}{r} 9\,6 \\ \times \ \square\,9 \\ \hline \end{array}$$

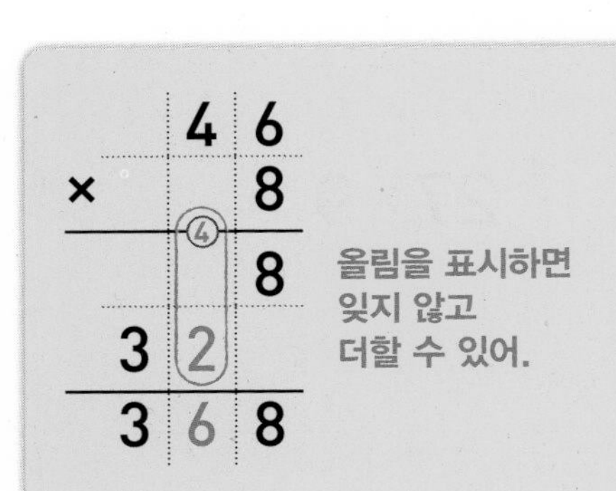

04 가로셈

세로셈으로 하면 더 정확히 계산할 수 있어.

● 세로셈으로 쓰고 곱셈을 해 보세요.

① 22×6

② 33×5

③ 44×7

④ 37×8

⑤ 49×4

⑥ 52×5

⑦ 65×2

⑧ 77×3

⑨ 92×9

⑩ 86×7

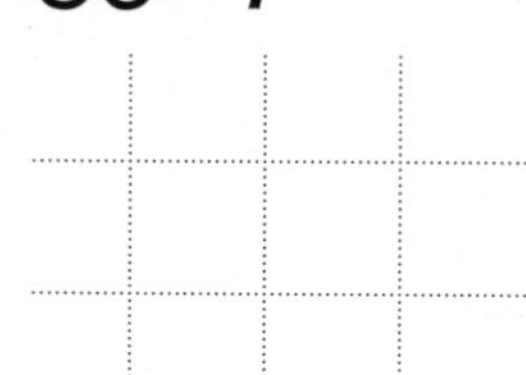

⑪ 58×2

⑫ 47×4

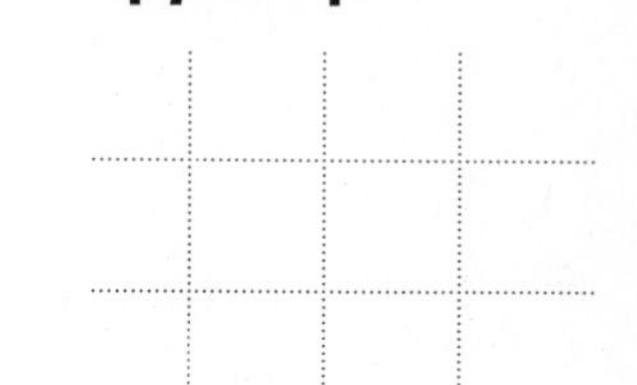

⑬ 74×3

⑭ 89×6

⑮ 94×8

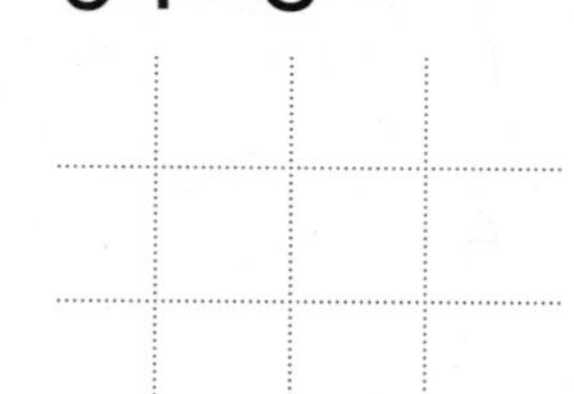

⑯ 23×8

⑰ 27×9

⑱ 34×7

⑲ 48×4

⑳ 48×5

㉑ 97×2

㉒ 85×6

㉓ 69×3

㉔ 29×8

㉕ 57×7

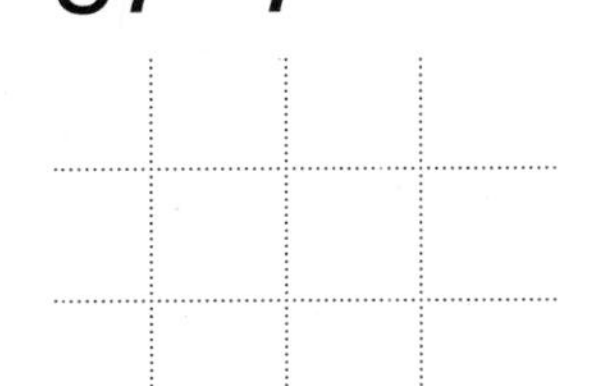

㉖ 49×3

㉗ 26×7

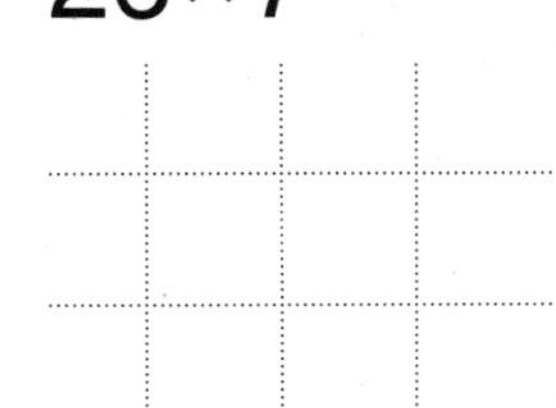

㉘ 45×9

㉙ 33×8

㉚ 25×9

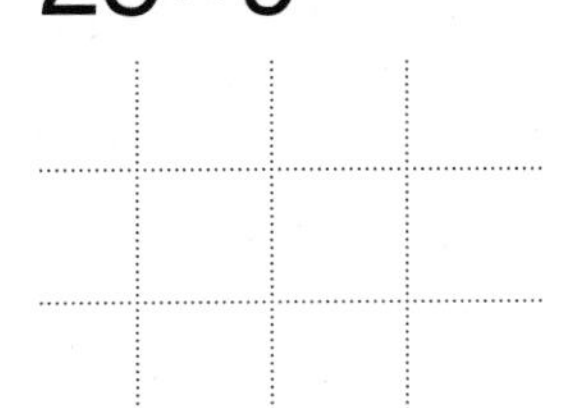

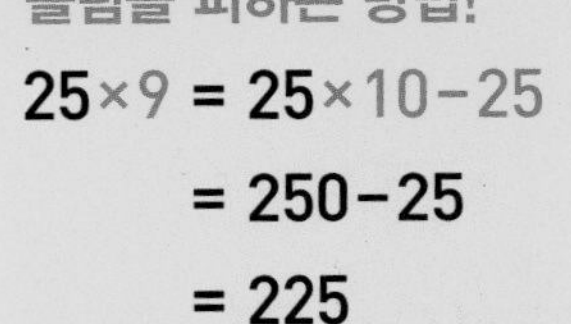

㉛ 44×6

㉜ 56×4

㉝ 63×9

㉞ 86×2

㉟ 76×6

㊱ 99×2

㊲ 92×7

㊳ 59×8

㊴ 34×4

05 묶어서 곱하기

● 순서에 따라 곱셈을 해 보세요.

❶ 괄호 안을 먼저 계산해요.

① $(25\times2)\times4=25\times(2\times4)$

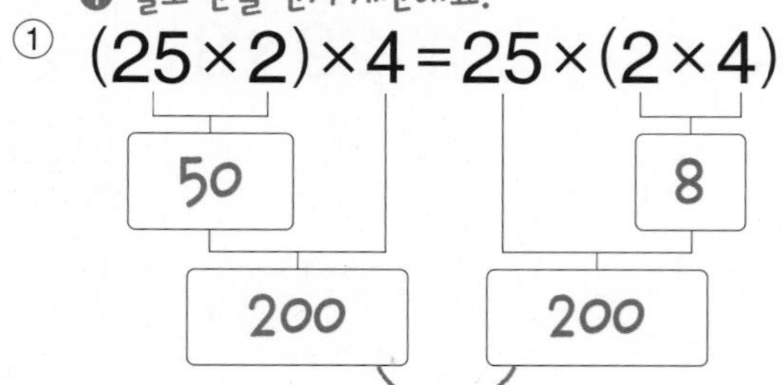

❷ 계산 결과를 비교해요.

② $(35\times2)\times2=35\times(2\times2)$

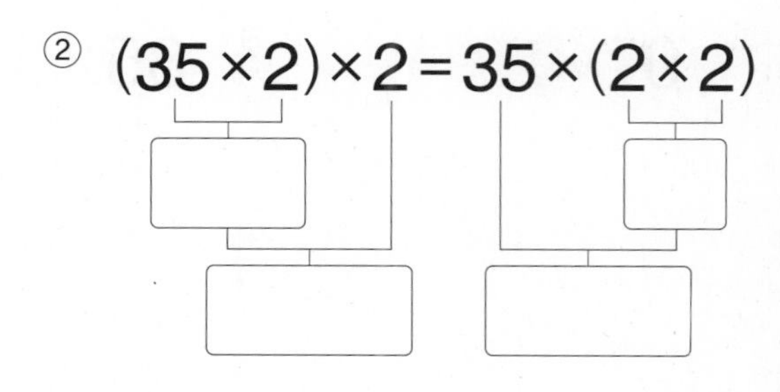

③ $(45\times2)\times3=45\times(2\times3)$

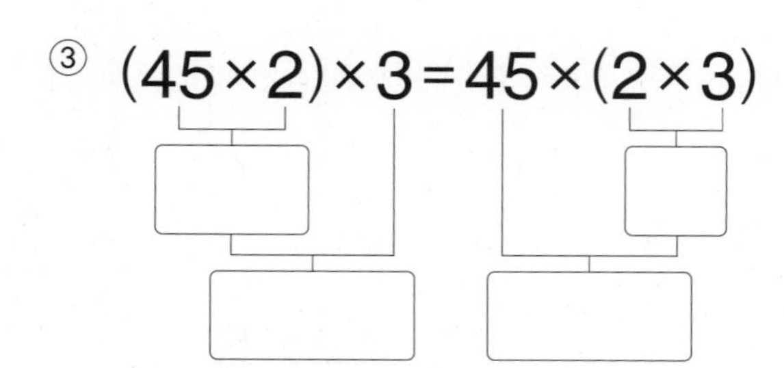

④ $(22\times4)\times2=22\times(4\times2)$

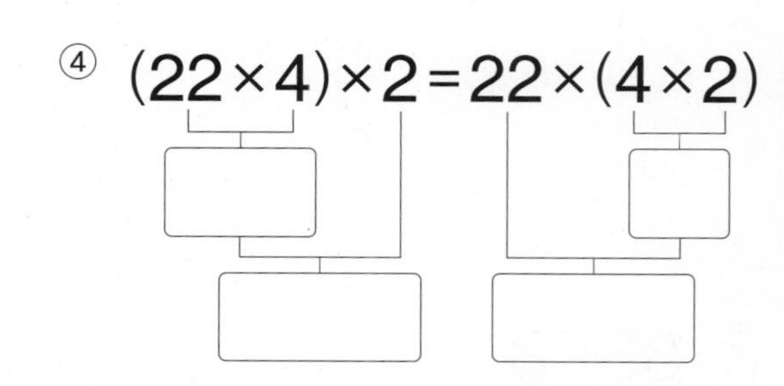

⑤ $(32\times3)\times2=32\times(3\times2)$

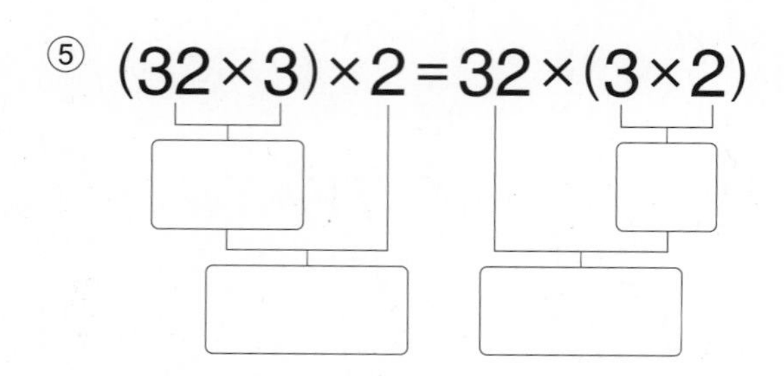

⑥ $(27\times2)\times3=27\times(2\times3)$

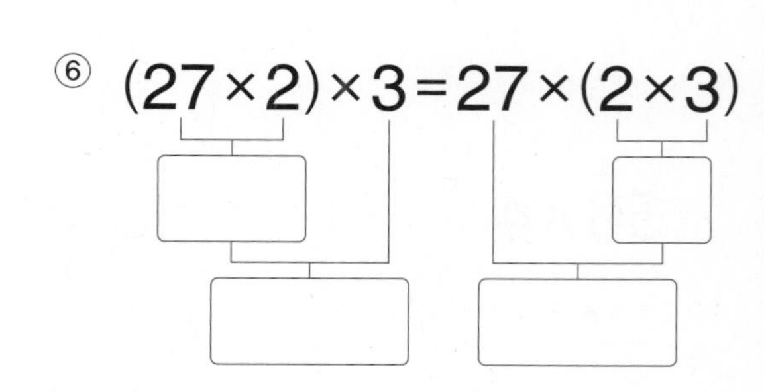

⑦ $(59\times1)\times3=59\times(1\times3)$

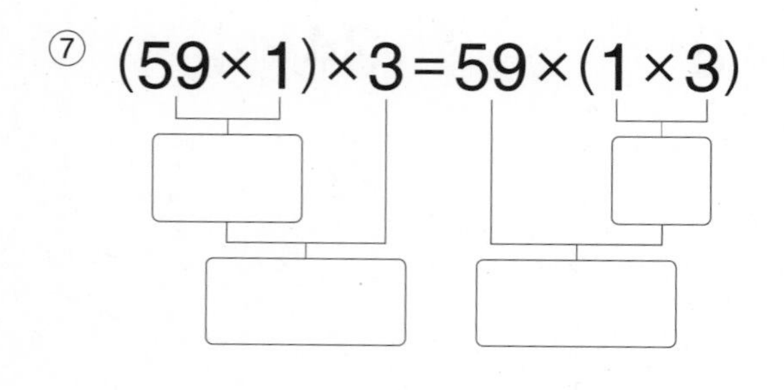

⑧ $(43\times2)\times2=43\times(2\times2)$

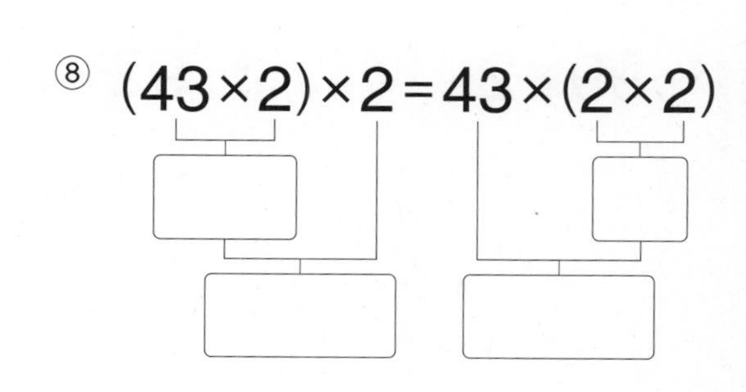

곱셈을 하고 계산 결과에 어떤 규칙이 있는지 살펴봐.

06 정해진 수 곱하기

● 곱셈을 해 보세요.

① 4를 곱해 보세요.

곱해지는 수가 1씩 커지면

50	51	52	53
× 4	× 4		
200	204		

계산 결과는 4씩 커져요.

② 8을 곱해 보세요.

22	23	24	25

③ 6을 곱해 보세요.

45	46	47	48

④ 3을 곱해 보세요.

66	67	68	69

⑤ 7을 곱해 보세요.

54	55	56	57

곱하는 수에 따라 계산 결과가 어떻게 달라지는지 살펴봐.

곱셈의 원리

07 여러 가지 수 곱하기

● 곱셈을 해 보세요.

①

20	×3	×4	×5
	60	80	100

②

22	×5	×6	×7

③

55	×2	×3	×4

④

35	×5	×6	×7

⑤

26	×5	×6	×7

⑥

75	×4	×5	×6

⑦

32	×5	×6	×7

⑧

63	×4	×5	×6

⑨

49	×3	×4	×5

⑩

94	×3	×4	×5

⑪

43	×4	×5	×6

⑫

88	×2	×3	×4

⑬

39	×5	×6	×7

곱셈에서는 두 수를 바꾸어 곱해도 계산 결과는 같단다.

08 마주 보는 곱셈

● ☐ 안에 알맞은 수를 써 보세요.

① $25\times6=$ [150] $=6\times25$

❶ $\begin{array}{r} 25 \\ \times\ \ 6 \\ \hline 150 \end{array}$ ❷ $\begin{array}{r} 6 \\ \times 25 \\ \hline 150 \end{array}$

② $57\times2=$ ☐ $=2\times57$

③ $44\times4=$ ☐ $=4\times44$

④ $63\times5=$ ☐ $=5\times63$

⑤ $38\times4=$ ☐ $=4\times38$

⑥ $24\times7=$ ☐ $=7\times24$

⑦ $59\times2=$ ☐ $=2\times59$

⑧ $46\times4=$ ☐ $=4\times46$

⑨ $77\times3=$ ☐ $=3\times77$

⑩ $87\times6=$ ☐ $=6\times87$

⑪ $32\times7=$ ☐ $=7\times32$

⑫ $53\times5=$ ☐ $=5\times53$

⑬ $76\times8=$ ☐ $=8\times76$

⑭ $94\times9=$ ☐ $=9\times94$

먼저 십의 자리의 곱을 어림해 봐.

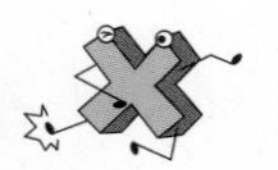

09 크기 어림하기

● 곱이 ◯ 안의 수보다 큰 것에 모두 ○표 해 보세요.

① 150 | 47×3 | 32×6 | 51×3 | 33×4

❶ 30×6=180 ❷ 50×3=150
❸ 십의 자리 계산만으로도 곱이 150보다 큰 것을 알 수 있어요.

② 200 | 29×3 | 54×4 | 65×3 | 78×3

③ 250 | 63×4 | 26×9 | 34×6 | 52×5

④ 300 | 37×8 | 87×4 | 68×5 | 53×5

⑤ 400 | 49×8 | 59×7 | 98×4 | 73×5

⑥ 600 | 73×8 | 88×6 | 94×7 | 67×9

디딤돌 연산은 수학이다.

정답과 학습지도법

1 받아올림이 없는 (세 자리 수)+(세 자리 수)

2학년 A권에서 학습한 두 자리 수끼리의 덧셈에서 이어지는 학습입니다. 백의 자리 수로 확장되었을 뿐 자리별로 더하는 계산 원리는 같다는 것을 알게 해 주세요. 이번 단원 학습은 이후 받아올림이 있는 세 자리 수끼리의 덧셈으로 이어지므로 일, 십, 백의 자리의 자릿값에 대한 이해가 충분히 되도록 지도해 주세요.

01 세로셈 8~9쪽

① 896 ② 670 ③ 500
④ 930 ⑤ 230 ⑥ 702
⑦ 301 ⑧ 853 ⑨ 981
⑩ 950 ⑪ 509 ⑫ 596
⑬ 745 ⑭ 998 ⑮ 977
⑯ 784 ⑰ 737 ⑱ 464
⑲ 888 ⑳ 697 ㉑ 777
㉒ 799 ㉓ 456 ㉔ 999
㉕ 387 ㉖ 384 ㉗ 658
㉘ 842 ㉙ 888 ㉚ 667
㉛ 598 ㉜ 749 ㉝ 478
㉞ 768 ㉟ 293 ㊱ 627

덧셈의 원리 ● 계산 방법과 자릿값의 이해

02 가로셈 10~11쪽

① 740 ② 600
③ 800 ④ 900
⑤ 530 ⑥ 650
⑦ 306 ⑧ 601
⑨ 808 ⑩ 390
⑪ 264 ⑫ 873
⑬ 824 ⑭ 878
⑮ 396 ⑯ 856
⑰ 467
⑱ 284
⑲ 563 ⑳ 875
㉑ 966 ㉒ 583
㉓ 434 ㉔ 778
㉕ 787 ㉖ 966
㉗ 598 ㉘ 389
㉙ 426 ㉚ 667
㉛ 863 ㉜ 444
㉝ 999 ㉞ 594
㉟ 679 ㊱ 679
㊲ 444 ㊳ 487

덧셈의 원리 ● 계산 방법과 자릿값의 이해

03 여러 가지 수 더하기 12~13쪽

① 124, 134, 234 ② 655, 755, 855
③ 673, 683, 693 ④ 335, 336, 337
⑤ 863, 873, 883 ⑥ 584, 684, 784
⑦ 538, 578, 978 ⑧ 835, 836, 837
⑨ 812, 712, 612 ⑩ 960, 860, 760
⑪ 757, 756, 755 ⑫ 816, 716, 706
⑬ 892, 882, 872 ⑭ 264, 263, 262
⑮ 686, 386, 356 ⑯ 799, 789, 779

덧셈의 원리 ● 계산 원리 이해

04 다르면서 같은 덧셈 14~15쪽

① 520, 520	② 639, 639
③ 750, 750	④ 740, 740
⑤ 934, 934	⑥ 891, 891
⑦ 572, 572	⑧ 854, 854
⑨ 874, 203	⑩ 568, 454
⑪ 823, 823	⑫ 268, 268
⑬ 558, 558	⑭ 741, 741
⑮ 777, 777	⑯ 769, 769
⑰ 487, 487	⑱ 776, 776
⑲ 690, 380	⑳ 785, 510

덧셈의 원리 ● 계산 원리 이해

05 바꾸어 더하기 16쪽

① 854, 854	② 472, 472
③ 859, 859	④ 686, 686
⑤ 546, 546	⑥ 675, 675
⑦ 937, 937	⑧ 597, 597
⑨ 946, 946	⑩ 877, 877
⑪ 689, 689	⑫ 879, 879

덧셈의 성질 ● 교환법칙

교환법칙

교환법칙은 두 수를 바꾸어 계산해도 그 결과가 같다는 법칙으로 +와 ×에서만 성립합니다. 이것은 덧셈과 곱셈의 중요한 성질로 중등 과정에서 추상화된 표현으로 처음 배우게 됩니다. 비교적 간단한 수의 연산에서부터 교환법칙을 이해한다면 중등 학습에서도 쉽게 이해할 수 있을 뿐만 아니라 문제 해결력을 기르는 데에도 도움이 됩니다.

06 수를 덧셈식으로 나타내기 17쪽

① 26, 126	② 74, 174
③ 65, 165	④ 97, 297
⑤ 39, 239	⑥ 25, 325
⑦ 34, 4	⑧ 63, 60
⑨ 143, 103	⑩ 258, 250

덧셈의 감각 ● 수의 조작

2 받아올림이 한 번 있는 (세 자리 수)+(세 자리 수)

일의 자리, 십의 자리 또는 백의 자리에서 받아올림이 있는 덧셈입니다. 자릿값을 통해 계산 원리를 이해하게 하여 받아올림을 기계적으로 하지 않도록 지도해 주세요. 같은 자리끼리 계산하는 이유는 같은 숫자라도 자리에 따라 나타내는 수가 다르기 때문이라는 점을 이해하는 것이 중요합니다. 또한, 받아올리는 수의 실제 크기를 생각하며 계산할 수 있도록 합니다.

01 세로셈 20~21쪽

① 724	② 781	③ 1472
④ 610	⑤ 740	⑥ 312
⑦ 771	⑧ 990	⑨ 760
⑩ 470	⑪ 565	⑫ 993
⑬ 987	⑭ 776	⑮ 773
⑯ 600	⑰ 900	⑱ 508
⑲ 908	⑳ 909	㉑ 834
㉒ 787	㉓ 827	㉔ 549
㉕ 929	㉖ 627	㉗ 916
㉘ 1000	㉙ 1041	㉚ 1385
㉛ 1280	㉜ 1370	
㉝ 1798	㉞ 1086	

덧셈의 원리 ● 계산 방법과 자릿값의 이해

자릿값

수는 십진법에 따라 자리마다 다른 값을 가집니다. 예를 들어 33에서 모든 자리의 숫자가 3이지만 십의 자리 숫자는 30, 일의 자리 숫자는 3을 나타냅니다. 이렇듯 자리에 따라 나타내는 수가 다르기 때문에 각 자리별로 계산해야 합니다. 자릿값에 따른 계산 원리는 중등의 '다항식의 계산'으로 이어집니다. $3a+2b+4a$와 같은 식에서 a항끼리는 계산할 수 있지만 a항과 b항은 계산할 수 없는 것과 같은 원리입니다. 따라서 학생들이 자리별로 계산하는 이유를 생각하면서 계산하고 '항'의 개념을 접해볼 수 있도록 지도해 주세요.

02 가로셈 22~23쪽

① 710 ② 508 ③ 1056
④ 722 ⑤ 831 ⑥ 656
⑦ 743 ⑧ 961 ⑨ 785
⑩ 783 ⑪ 468 ⑫ 896
⑬ 510 ⑭ 922 ⑮ 801
⑯ 828 ⑰ 437 ⑱ 847
⑲ 1000 ⑳ 1550 ㉑ 1246
㉒ 1135 ㉓ 1486 ㉔ 1068

덧셈의 원리 ● 계산 방법과 자릿값의 이해

03 정해진 수 더하기 24~25쪽

① 400, 410, 420, 430
② 813, 814, 815, 816
③ 1044, 1144, 1244, 1344
④ 777, 782, 787, 792
⑤ 567, 557, 547, 537
⑥ 494, 493, 492, 491
⑦ 1679, 1479, 1279, 1079
⑧ 945, 895, 845, 795

덧셈의 원리 ● 계산 원리 이해

04 여러 가지 수 더하기 26~27쪽

① 110, 120, 220 ② 1000, 1100, 1200
③ 221, 291, 991 ④ 1236, 1336, 1436
⑤ 812, 832, 852 ⑥ 790, 840, 890
⑦ 989, 990, 991 ⑧ 890, 892, 894
⑨ 514, 513, 512 ⑩ 1145, 1045, 945
⑪ 811, 801, 791 ⑫ 504, 454, 404
⑬ 1514, 1414, 1314 ⑭ 707, 705, 703
⑮ 712, 512, 492 ⑯ 994, 894, 884

덧셈의 원리 ● 계산 원리 이해

05 다르면서 같은 덧셈 28~29쪽

① 300, 300 ② 500, 500
③ 508, 508 ④ 701, 701
⑤ 510, 510 ⑥ 609, 609
⑦ 930, 930 ⑧ 808, 808
⑨ 1002, 501 ⑩ 282, 102
⑪ 510, 510 ⑫ 740, 740
⑬ 830, 830 ⑭ 531, 531
⑮ 601, 601 ⑯ 803, 803
⑰ 703, 703 ⑱ 811, 811
⑲ 701, 191 ⑳ 940, 215

덧셈의 원리 ● 계산 원리 이해

06 영수증의 합계 구하기 30~31쪽

① 904원 ② 862원
③ 715원 ④ 850원
⑤ 907원 ⑥ 522원
⑦ 903원 ⑧ 931원
⑨ 760원 ⑩ 902원
⑪ 1487원 ⑫ 1357원

덧셈의 활용 ● 상황에 맞는 덧셈

07 같은 덧셈식 만들기 32쪽

① 783 / 105, 783 ② 615 / 361, 615
③ 707 / 425, 707 ④ 793 / 266, 793
⑤ 536 / 293, 536 ⑥ 784 / 438, 784
⑦ 985 / 792, 985 ⑧ 993 / 514, 993
⑨ 1188 / 557, 1188 ⑩ 1547 / 732, 1547

덧셈의 성질 ● 교환법칙

08 등식 완성하기

33쪽

① 12 ② 11
③ 400 ④ 700
⑤ 100 ⑥ 100
⑦ 700 ⑧ 600
⑨ 110 ⑩ 120
⑪ 500 ⑫ 600
⑬ 300
⑭ 500

덧셈의 성질 ● 등식

등식

등식은 =(등호)의 양쪽 값이 같음을 나타낸 식입니다. 수학 문제를 풀 때 결과를 자연스럽게 =의 오른쪽에 쓰지만 학생들이 =의 의미를 간과한 채 사용하기 쉽습니다. 간단한 연산 문제를 푸는 시기부터 등식의 개념을 이해하고 =를 사용한다면 초등 고학년, 중등으로 이어지는 학습에서 등식, 방정식의 개념을 쉽게 이해할 수 있습니다.

3 받아올림이 두 번 있는 (세 자리 수)+(세 자리 수)

일, 십, 백의 자리의 계산 중 두 번의 받아올림이 있는 덧셈입니다. 받아올림 표시를 하여 계산에 실수가 없도록 하되 덧셈의 의미를 생각해 보며 계산할 수 있도록 지도해 주세요. 또한 10의 보수와 연계하여 100의 보수를 생각해 보고 더불어 수 감각을 기를 수 있도록 합니다.

01 세로셈

36~37쪽

① 900 ② 942 ③ 1420
④ 700 ⑤ 500 ⑥ 800
⑦ 710 ⑧ 550 ⑨ 820
⑩ 405 ⑪ 802 ⑫ 801
⑬ 417 ⑭ 814 ⑮ 814
⑯ 835 ⑰ 753 ⑱ 926
⑲ 1000 ⑳ 1000 ㉑ 1000
㉒ 1100 ㉓ 1400 ㉔ 1600
㉕ 1242 ㉖ 1095 ㉗ 1523
㉘ 1029 ㉙ 1513 ㉚ 1016
㉛ 1229 ㉜ 1105 ㉝ 1564
㉞ 1588 ㉟ 1306 ㊱ 1447

덧셈의 원리 ● 계산 방법과 자릿값의 이해

02 가로셈

38~39쪽

① 502 ② 1000 ③ 900
④ 800 ⑤ 720 ⑥ 430
⑦ 910 ⑧ 602 ⑨ 901
⑩ 665 ⑪ 524 ⑫ 831
⑬ 1000 ⑭ 1000 ⑮ 1600
⑯ 1200 ⑰ 1250 ⑱ 1604
⑲ 1208 ⑳ 1306 ㉑ 1108
㉒ 1217 ㉓ 1449 ㉔ 1526

덧셈의 원리 ● 계산 방법과 자릿값의 이해

03 합하면 모두 얼마가 될까? 40쪽

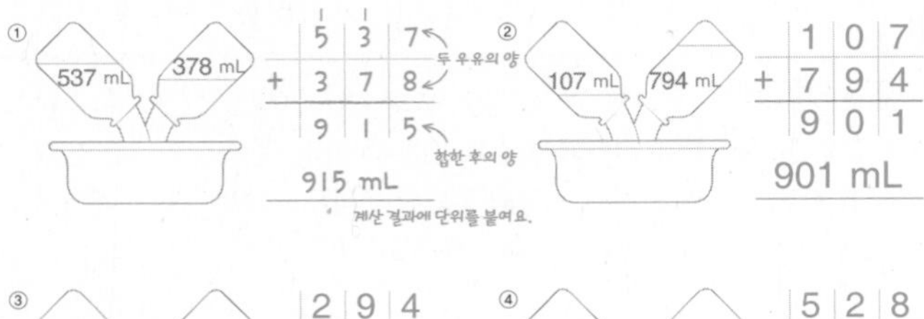

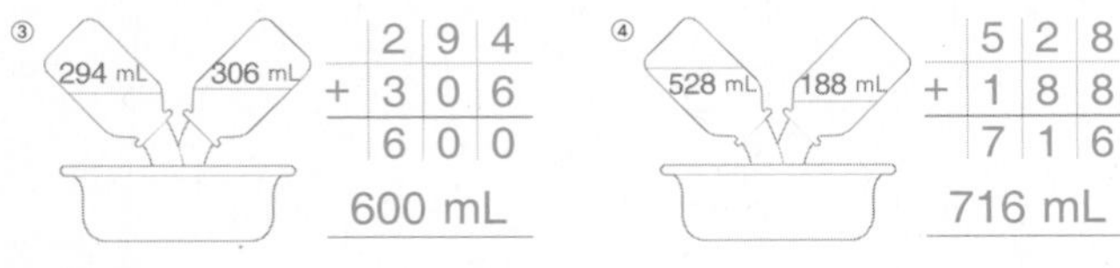

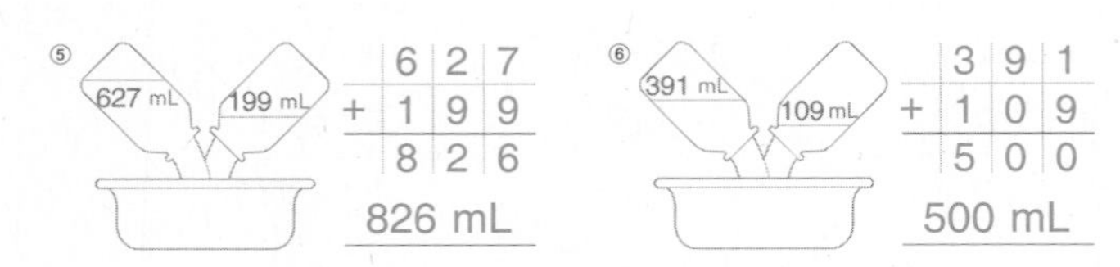

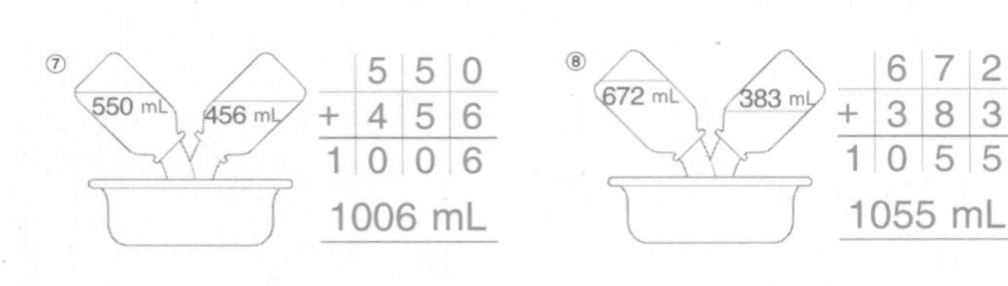

덧셈의 원리 ● 합병

04 늘어나면 모두 얼마가 될까? 41쪽

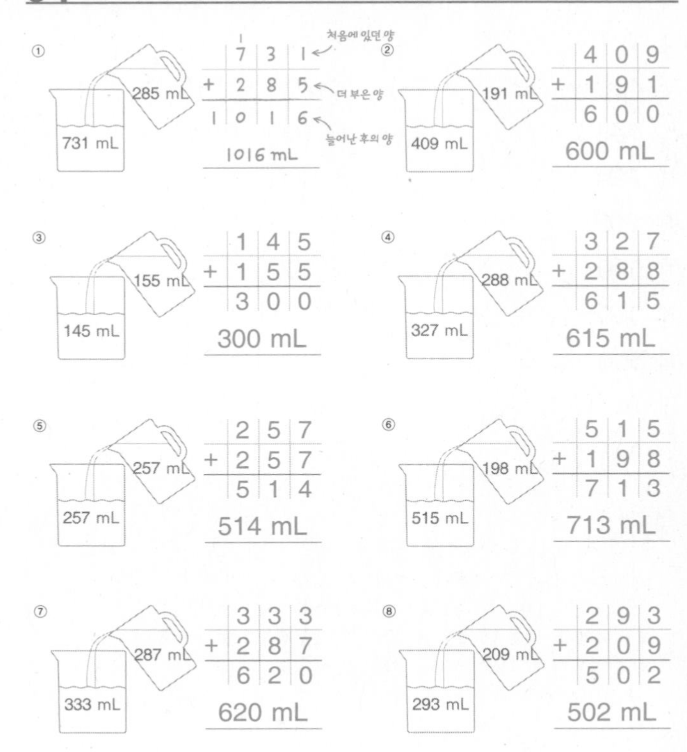

덧셈의 원리 ● 첨가

덧셈

덧셈의 상황은 합병과 첨가로 구분되는데 합병은 두 양을 한데 모으는 것, 첨가는 하나의 양에 다른 양을 보태는 것을 뜻합니다. 합병과 첨가의 상황을 덧셈식으로 연결시키는 학습은 덧셈의 의미를 잘 이해할 수 있게 할 뿐만 아니라 문장제 문제의 해결에도 도움이 됩니다.

05 여러 가지 수 더하기 42~43쪽

① 250, 300, 800 ② 141, 211, 911
③ 1000, 1100, 1200 ④ 1034, 1134, 1234
⑤ 1010, 1020, 1030 ⑥ 590, 600, 610
⑦ 300, 301, 302 ⑧ 1357, 1358, 1359
⑨ 1028, 1018, 1008 ⑩ 1220, 1170, 1120
⑪ 722, 422, 392 ⑫ 824, 224, 154
⑬ 422, 421, 420 ⑭ 320, 315, 310
⑮ 1410, 1310, 1210 ⑯ 503, 403, 303

덧셈의 원리 ● 계산 원리 이해

06 다르면서 같은 덧셈 44~45쪽

① 1100, 1100 ② 1200, 1200
③ 1020, 1020 ④ 1720, 1720
⑤ 1410, 1410 ⑥ 1000, 1000
⑦ 1240, 1240 ⑧ 1432, 1432
⑨ 600, 398 ⑩ 502, 255
⑪ 1024, 1024 ⑫ 1300, 1300
⑬ 1000, 1000 ⑭ 1350, 1350
⑮ 902, 902 ⑯ 1106, 1106
⑰ 905, 905 ⑱ 721, 721
⑲ 1630, 790 ⑳ 831, 186

덧셈의 원리 ● 계산 원리 이해

07 편리한 방법으로 더하기 46~47쪽

① 622 / 500, 623 ② 804 / 700, 805
③ 941 / 300, 942 ④ 981 / 700, 982
⑤ 622 / 200, 623 ⑥ 823 / 400, 824
⑦ 863 / 600, 865 ⑧ 741 / 600, 743
⑨ 451 / 200, 454 ⑩ 750 / 400, 753
⑪ 898 / 600, 300, 900 ⑫ 898 / 500, 400, 900
⑬ 598 / 300, 300, 600 ⑭ 798 / 200, 600, 800
⑮ 598 / 400, 200, 600 ⑯ 698 / 500, 200, 700
⑰ 697 / 200, 500, 700 ⑱ 797 / 300, 500, 800
⑲ 896 / 600, 300, 900

덧셈의 감각 ● 수의 조작

08 학용품 고르기 48쪽

① 지우개, 자 ② 예 자, 색연필
③ 예 색연필, 가위 ④ 예 색연필, 사인펜
⑤ 예 샤프, 샤프심 ⑥ 예 공책, 풀
⑦ 예 매직, 샤프심 ⑧ 예 매직, 풀

덧셈의 활용 ● 상황에 맞는 덧셈

09 1000이 되는 식 완성하기 49쪽

① 50 ② 10
③ 70 ④ 20
⑤ 250 ⑥ 350
⑦ 450 ⑧ 650
⑨ 850 ⑩ 110
⑪ 610 ⑫ 520
⑬ 260 ⑭ 320
⑮ 460 ⑯ 710

덧셈의 감각 ● 수의 조작

10의 보수

10의 보수를 익히는 것은 수학 학습 전반에 영향을 줄 수 있는 수 감각의 기초가 됩니다. 이러한 수 · 연산 감각은 계산 속도를 높여줄 뿐만 아니라 하나의 연산 문제를 다양한 각도에서 생각해 볼 수 있게 하는 힘을 길러줍니다. 따라서 10의 보수를 바탕으로 하여 100의 보수, 1000의 보수까지 확장하여 생각해 볼 수 있게 해 주세요.

4 받아올림이 세 번 있는 (세 자리 수)+(세 자리 수)

실생활에서는 복잡한 계산을 할 때 주로 계산기를 활용하므로, 받아올림이 세 번 있는 덧셈의 답을 구하는 것 자체는 큰 의미가 없을 수도 있습니다. 많은 양의 문제를 풀어내기보다 '각 자리별로 더하는 이유'에 대해 완벽히 이해할 수 있도록 해 주시고, 덧셈의 성질, 1000의 보수를 생각해 보며 덧셈 감각을 기를 수 있도록 지도해 주세요.

01 세로셈 52~53쪽

① 1000	② 1451	③ 1106
④ 1000	⑤ 1005	⑥ 1002
⑦ 1000	⑧ 1010	⑨ 1020
⑩ 1230	⑪ 1152	⑫ 1341
⑬ 1221	⑭ 1026	⑮ 1493
⑯ 1143	⑰ 1663	⑱ 1000
⑲ 1112	⑳ 1261	㉑ 1010
㉒ 1073	㉓ 1437	㉔ 1204
㉕ 1700	㉖ 1150	㉗ 1150
㉘ 1857	㉙ 1051	㉚ 1998
㉛ 1352	㉜ 1200	㉝ 1422
㉞ 1560	㉟ 1605	㊱ 1714

덧셈의 원리 ● 계산 방법과 자릿값의 이해

02 가로셈 54~55쪽

① 1101	② 1000	③ 1412
④ 1530	⑤ 1201	⑥ 1112
⑦ 1012	⑧ 1110	⑨ 1260
⑩ 1410	⑪ 1151	⑫ 1711
⑬ 1424	⑭ 1158	⑮ 1021
⑯ 1001	⑰ 1402	⑱ 1642
⑲ 1300	⑳ 1040	㉑ 1796
㉒ 1190	㉓ 1201	㉔ 1305

덧셈의 원리 ● 계산 방법과 자릿값의 이해

03 정해진 수 더하기 56~57쪽

① 1103, 1203, 1303, 1403
② 1500, 1510, 1520, 1530
③ 1000, 1001, 1002, 1003
④ 1372, 1380, 1452, 1460
⑤ 1323, 1223, 1123, 1023
⑥ 1506, 1496, 1486, 1476
⑦ 1331, 1326, 1321, 1316
⑧ 1215, 1208, 1145, 1138

덧셈의 원리 ● 계산 원리 이해

04 다르면서 같은 덧셈 58~59쪽

① 1100, 1100	② 1110, 1110
③ 1103, 1103	④ 1310, 1310
⑤ 1900, 1900	⑥ 1521, 1521
⑦ 1120, 1120	⑧ 1631, 1631
⑨ 1776, 886	⑩ 1000, 747
⑪ 1503, 1503	⑫ 1350, 1350
⑬ 1422, 1422	⑭ 1816, 1816
⑮ 1321, 1321	⑯ 1705, 1705
⑰ 1107, 1107	⑱ 1514, 1514
⑲ 1010, 456	⑳ 1210, 891

덧셈의 원리 ● 계산 원리 이해

05 편리한 방법으로 더하기 60~61쪽

① 1274 / 700, 1275	② 1032 / 300, 1033
③ 1371 / 500, 1372	④ 1443 / 700, 1445
⑤ 1281 / 500, 1284	⑥ 1144 / 600, 1145
⑦ 1021 / 700, 1022	⑧ 1451 / 900, 1452
⑨ 1522 / 800, 1524	⑩ 1162 / 400, 1165
⑪ 1098 / 200, 900, 1100	⑫ 1198 / 500, 700, 1200
⑬ 1398 / 900, 500, 1400	⑭ 1498 / 900, 600, 1500
⑮ 1598 / 800, 800, 1600	⑯ 1198 / 600, 600, 1200
⑰ 1397 / 900, 500, 1400	⑱ 1297 / 700, 600, 1300
⑲ 1296 / 500, 800, 1300	⑳ 1796 / 900, 900, 1800

덧셈의 감각 ● 수의 조작

06 묶어서 더하기 62쪽

① (469+266)+234=469+(266+234)

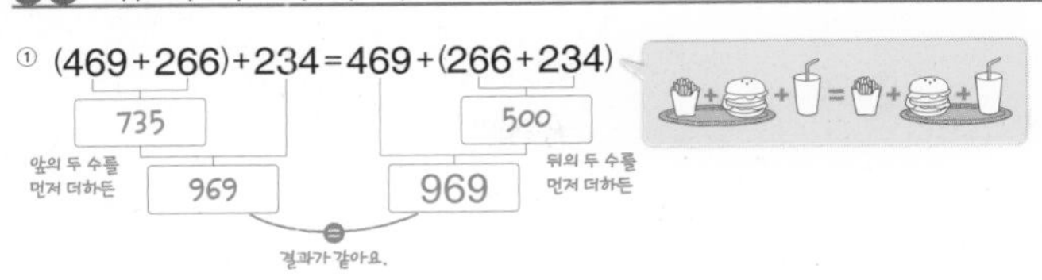

② (166+434)+451=166+(434+451)

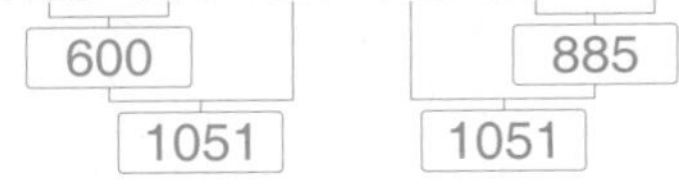

③ 338+(159+341)=(338+159)+341

500, 497, 838, 838

④ 735+(165+495)=(735+165)+495

660, 900, 1395, 1395

덧셈의 성질 ● 결합법칙

결합법칙

결합법칙은 셋 이상의 연산에서 순서를 바꾸어 계산해도 그 결과가 같다는 법칙으로 +와 x에서만 성립합니다. 초등 과정에서는 사칙연산만 다루지만 중고등 학습에서는 '임의의 연산'을 가정하여 연산의 범위를 확장하게 되는데, 이때 결합법칙, 교환법칙 등의 성립여부로 '임의의 연산'을 정의합니다. 결합법칙의 뜻 자체는 어렵지 않지만 숙지하지 않는다면 문제에 능숙하게 적용하기 어렵습니다. 쉬운 연산 학습에서부터 결합법칙을 접해 볼 수 있게 해 주세요.

07 1000이 되는 식 완성하기 63쪽

① 5	② 7
③ 9	④ 25
⑤ 35	⑥ 65
⑦ 105	⑧ 125
⑨ 145	⑩ 185
⑪ 345	⑫ 445
⑬ 305	⑭ 285
⑮ 675	⑯ 465

덧셈의 감각 ● 수의 조작

5 받아내림이 없는 (세 자리 수)-(세 자리 수)

2학년 A권에서 학습한 두 자리 수끼리의 뺄셈에서 이어지는 학습입니다. 백의 자리 수로 확장되었을 뿐 자리별로 빼는 계산 원리는 같다는 것을 알게 해 주세요. 이번 단원 학습은 이후 받아내림이 있는 세 자리 수끼리의 뺄셈으로 이어지므로 일, 십, 백의 자리의 자릿값에 대한 이해가 충분히 되도록 지도해 주세요.

01 세로셈 66~67쪽

① 206	② 764	③ 300
④ 400	⑤ 600	⑥ 180
⑦ 2	⑧ 401	⑨ 204
⑩ 360	⑪ 440	⑫ 0
⑬ 332	⑭ 176	⑮ 328
⑯ 112	⑰ 12	⑱ 117
⑲ 210	⑳ 322	㉑ 312
㉒ 16	㉓ 515	㉔ 405
㉕ 120	㉖ 361	㉗ 861
㉘ 13	㉙ 0	㉚ 401
㉛ 702	㉜ 218	㉝ 11
㉞ 221	㉟ 122	㊱ 527

뺄셈의 원리 ● 계산 방법과 자릿값의 이해

02 가로셈 68~69쪽

① 600 ② 400
③ 800 ④ 100
⑤ 403 ⑥ 504
⑦ 20 ⑧ 280
⑨ 506 ⑩ 202
⑪ 20 ⑫ 320
⑬ 18 ⑭ 385
⑮ 514 ⑯ 222
⑰ 471 ⑱ 453
⑲ 100 ⑳ 0
㉑ 401 ㉒ 102
㉓ 110 ㉔ 134
㉕ 613 ㉖ 131
㉗ 11 ㉘ 127
㉙ 10 ㉚ 460
㉛ 600 ㉜ 416
㉝ 242 ㉞ 0
㉟ 232 ㊱ 513
㊲ 734 ㊳ 20
㊴ 811 ㊵ 311

뺄셈의 원리 ● 계산 방법과 자릿값의 이해

03 얼마나 더 많을까? 70쪽

① 740 mL, 230 mL: 740 − 230 = 510 (더 많은 주스의 양 − 더 적은 주스의 양 = 두 양의 차이) → 510 mL (계산 결과에 단위를 붙여요.)

② 212 mL, 693 mL: 693 − 212 = 481 → 481 mL

③ 355 mL, 875 mL: 875 − 355 = 520 → 520 mL

④ 724 mL, 511 mL: 724 − 511 = 213 → 213 mL

⑤ 474 mL, 468 mL: 474 − 468 = 6 → 6 mL

⑥ 399 mL, 310 mL: 399 − 310 = 89 → 89 mL

⑦ 537 mL, 517 mL: 537 − 517 = 20 → 20 mL

⑧ 685 mL, 185 mL: 685 − 185 = 500 → 500 mL

뺄셈의 원리 ● 차이

04 얼마나 마셨을까? 71쪽

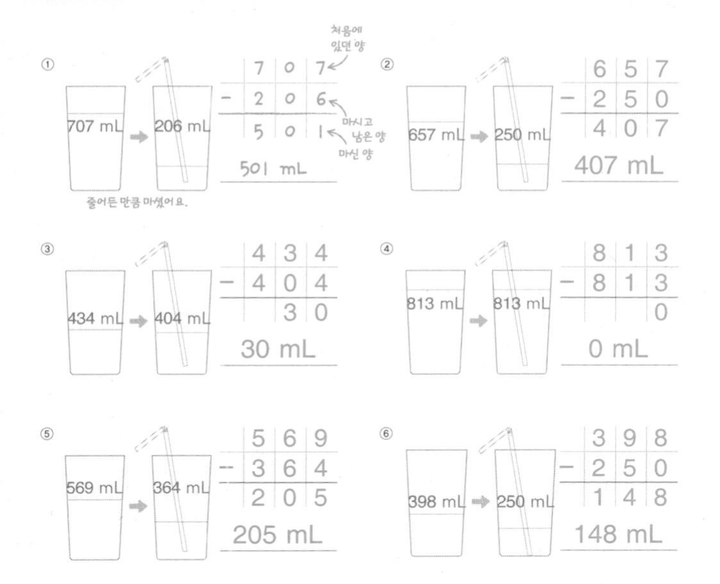

① 707 mL → 206 mL

$$\begin{array}{r} 707 \\ -\ 206 \\ \hline 501 \end{array}$$

501 mL

② 657 mL → 250 mL

$$\begin{array}{r} 657 \\ -\ 250 \\ \hline 407 \end{array}$$

407 mL

③ 434 mL → 404 mL

$$\begin{array}{r} 434 \\ -\ 404 \\ \hline 30 \end{array}$$

30 mL

④ 813 mL → 813 mL

$$\begin{array}{r} 813 \\ -\ 813 \\ \hline 0 \end{array}$$

0 mL

⑤ 569 mL → 364 mL

$$\begin{array}{r} 569 \\ -\ 364 \\ \hline 205 \end{array}$$

205 mL

⑥ 398 mL → 250 mL

$$\begin{array}{r} 398 \\ -\ 250 \\ \hline 148 \end{array}$$

148 mL

⑦ 605 mL → 305 mL

$$\begin{array}{r} 605 \\ -\ 305 \\ \hline 300 \end{array}$$

300 mL

⑧ 774 mL → 761 mL

$$\begin{array}{r} 774 \\ -\ 761 \\ \hline 13 \end{array}$$

13 mL

뺄셈의 원리 ● 제거

뺄셈

뺄셈의 상황은 제거와 차이로 구분되는데 제거는 덜어내고 남은 양을 뜻하고, 차이는 어느 쪽이 더 많거나 적은지를 뜻합니다. 제거와 차이의 상황을 뺄셈식으로 연결시키는 학습은 뺄셈의 의미를 잘 이해할 수 있게 할 뿐만 아니라 문장제 문제의 해결에도 도움이 됩니다.

05 여러 가지 수 빼기 72~73쪽

① 740, 700, 400
② 771, 741, 441
③ 465, 365, 265
④ 324, 224, 124
⑤ 330, 320, 310
⑥ 108, 58, 8
⑦ 224, 223, 222
⑧ 602, 802, 832
⑨ 0, 300, 320
⑩ 36, 136, 236
⑪ 110, 210, 310
⑫ 202, 212, 222
⑬ 321, 341, 361
⑭ 110, 111, 112
⑮ 60, 63, 66

뺄셈의 원리 ● 계산 원리 이해

06 네 가지 식 만들기 74~75쪽

① 601 802 201
601 + 201 = 802
201 + 601 = 802
802 − 201 = 601
802 − 601 = 201

② 420 310 110
310 + 110 = 420
110 + 310 = 420
420 − 110 = 310
420 − 310 = 110

③ 393 183 210
183 + 210 = 393
210 + 183 = 393
393 − 210 = 183
393 − 183 = 210

④ 114 618 504
114 + 504 = 618
504 + 114 = 618
618 − 504 = 114
618 − 114 = 504

⑤ 579 238 341
238 + 341 = 579
341 + 238 = 579
579 − 341 = 238
579 − 238 = 341

⑥ 241 234 475
241 + 234 = 475
234 + 241 = 475
475 − 234 = 241
475 − 241 = 234

⑦ 978 443 535
443 + 535 = 978
535 + 443 = 978
978 − 535 = 443
978 − 443 = 535

⑧ 645 123 522
123 + 522 = 645
522 + 123 = 645
645 − 522 = 123
645 − 123 = 522

⑨ 723 511 212
511 + 212 = 723
212 + 511 = 723
723 − 212 = 511
723 − 511 = 212

⑩ 203 379 176
203 + 176 = 379
176 + 203 = 379
379 − 176 = 203
379 − 203 = 176

⑪ 332 499 167
332 + 167 = 499
167 + 332 = 499
499 − 167 = 332
499 − 332 = 167

우리는 '덧셈·뺄셈' 가족
200+600=800
800, 200 / 800, 600
800-600=200
800-200=600

덧셈과 뺄셈의 성질 ● 덧셈과 뺄셈의 관계

6 받아내림이 한 번 있는 (세 자리 수)-(세 자리 수)

백의 자리 또는 십의 자리에서 받아내림이 있는 뺄셈입니다. 받아내림 표시를 하여 계산에 실수가 없도록 하되 뺄셈의 의미를 생각해 보며 계산할 수 있도록 지도해 주세요. 받아내림을 훈련할 수 있는 문제와 더불어 뺄셈의 원리를 바탕으로 한 다양한 문제들을 통해 수 감각을 기를 수 있도록 합니다.

01 세로셈 78~79쪽

① 313	② 107	③ 760
④ 707	⑤ 215	⑥ 34
⑦ 466	⑧ 101	⑨ 202
⑩ 507	⑪ 839	⑫ 408
⑬ 209	⑭ 278	⑮ 38
⑯ 43	⑰ 117	⑱ 309
⑲ 330	⑳ 290	㉑ 470
㉒ 660	㉓ 147	㉔ 85
㉕ 681	㉖ 150	㉗ 12
㉘ 187	㉙ 182	㉚ 253
㉛ 272	㉜ 190	㉝ 381
㉞ 273	㉟ 73	㊱ 564

뺄셈의 원리 ● 계산 방법과 자릿값의 이해

02 가로셈 80~81쪽

① 127	② 170	③ 333
④ 279	⑤ 465	⑥ 88
⑦ 307	⑧ 603	⑨ 418
⑩ 215	⑪ 49	⑫ 527
⑬ 104	⑭ 219	⑮ 314
⑯ 350	⑰ 91	⑱ 468
⑲ 352	⑳ 272	㉑ 160
㉒ 491	㉓ 80	㉔ 443

뺄셈의 원리 ● 계산 방법과 자릿값의 이해

03 여러 가지 수 빼기 82~83쪽

① 900, 890, 490	② 144, 139, 94
③ 179, 178, 177	④ 426, 425, 424
⑤ 260, 250, 240	⑥ 225, 215, 205
⑦ 277, 177, 77	⑧ 305, 205, 105
⑨ 210, 220, 230	⑩ 170, 180, 190
⑪ 703, 803, 813	⑫ 95, 97, 115
⑬ 137, 138, 139	⑭ 405, 407, 409
⑮ 307, 407, 507	⑯ 372, 472, 572

뺄셈의 원리 ● 계산 원리 이해

04 계산하지 않고 크기 비교하기 84쪽

① <	② <
③ >	④ <
⑤ >	⑥ >
⑦ >	
⑧ >	⑨ <
⑩ <	⑪ >
⑫ >	⑬ >

뺄셈의 원리 ● 계산 원리 이해

05 발자국 길이의 차이 구하기 85쪽

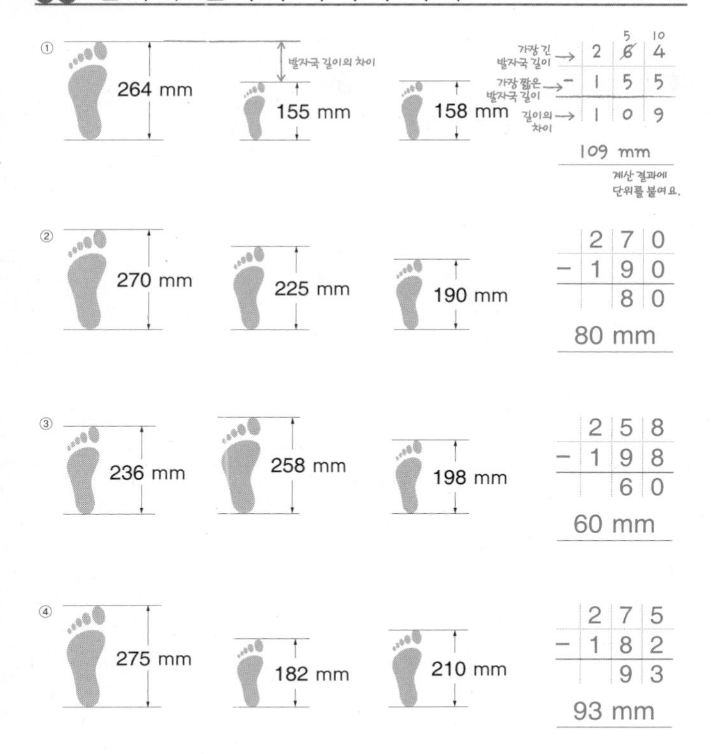

뺄셈의 활용 ● 상황에 맞는 뺄셈

06 또 다른 뺄셈식 만들기 86쪽

① 400 / 400, 300 ② 386 / 386, 190
③ 337 / 337, 506 ④ 362 / 362, 282
⑤ 408 / 408, 519 ⑥ 172 / 172, 393
⑦ 248 / 248, 506 ⑧ 271 / 271, 192
⑨ 228 / 228, 139 ⑩ 144 / 144, 693

덧셈과 뺄셈의 성질 ● 덧셈과 뺄셈의 관계

07 등식 완성하기 87쪽

① 30 ② 20
③ 200 ④ 600
⑤ 80 ⑥ 60
⑦ 100 ⑧ 400
⑨ 35 ⑩ 2
⑪ 500 ⑫ 200
⑬ 19 ⑭ 28
⑮ 300 ⑯ 600

뺄셈의 성질 ● 등식

7 받아내림이 두 번 있는 (세 자리 수)-(세 자리 수)

백의 자리, 십의 자리에서 연달아 받아내림이 있는 뺄셈입니다. 자릿값을 바탕으로 한 받아내림의 개념을 잘 이해하지 못할 경우 실수가 생길 수 있습니다. 각 자리에 쓰인 숫자와 그 숫자가 나타내는 값을 명확하게 이해하고 받아내림 표시를 할 수 있도록 지도해 주세요.

01 세로셈 90~91쪽

① 286	② 132	③ 27
④ 265	⑤ 384	⑥ 88
⑦ 171	⑧ 63	⑨ 379
⑩ 366	⑪ 128	⑫ 477
⑬ 259	⑭ 69	⑮ 198
⑯ 279	⑰ 68	⑱ 368
⑲ 207		⑳ 469
㉑ 366	㉒ 103	㉓ 435
㉔ 226	㉕ 342	㉖ 88
㉗ 207	㉘ 119	㉙ 188
㉚ 26	㉛ 245	㉜ 439
㉝ 337	㉞ 159	㉟ 146

뺄셈의 원리 ● 계산 방법과 자릿값의 이해

02 가로셈 92~93쪽

① 84	② 269	③ 115
④ 337	⑤ 141	⑥ 641
⑦ 85	⑧ 361	⑨ 385
⑩ 478	⑪ 245	⑫ 74
⑬ 188	⑭ 77	⑮ 278
⑯ 337	⑰ 15	⑱ 353
⑲ 111	⑳ 52	㉑ 404
㉒ 418	㉓ 286	㉔ 178

뺄셈의 원리 ● 계산 방법과 자릿값의 이해

03 검산하기 94~95쪽

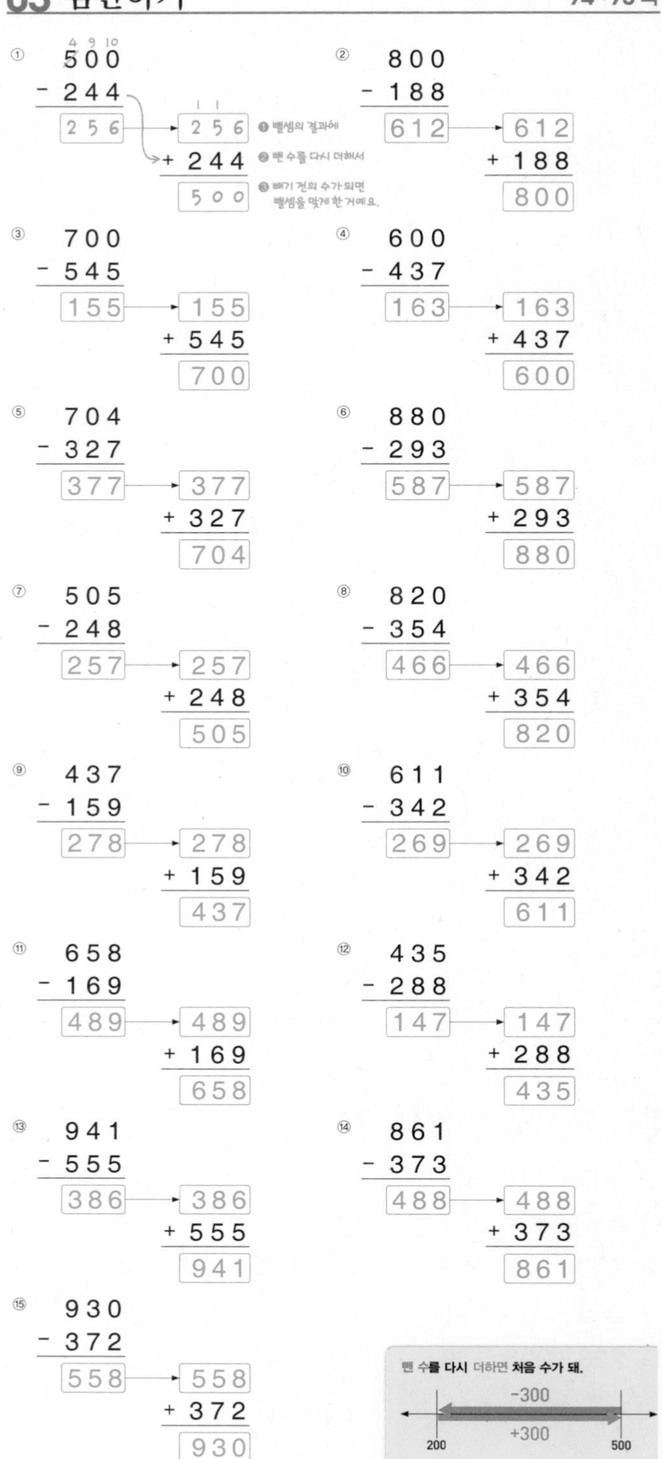

덧셈과 뺄셈의 성질 ● 덧셈과 뺄셈의 관계

04 정해진 수 빼기 96~97쪽

① 167, 267, 367, 467
② 85, 185, 285, 385
③ 126, 136, 146, 156
④ 197, 198, 199, 200
⑤ 388, 288, 188, 88
⑥ 318, 308, 298, 288
⑦ 179, 169, 159, 149
⑧ 334, 333, 332, 331

빼셈의 원리 ● 계산 원리 이해

05 뺄셈 길 찾기 98쪽

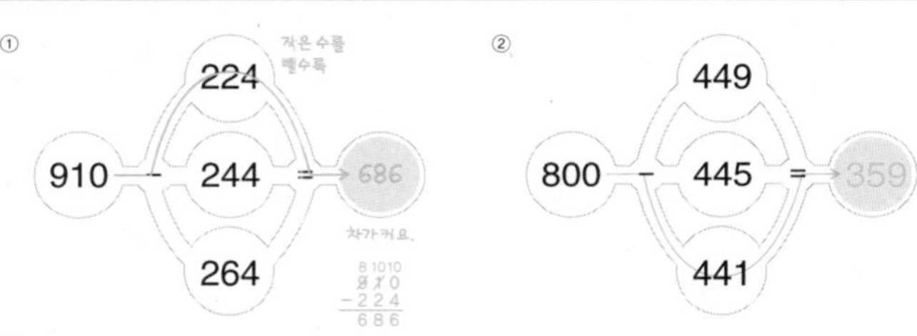

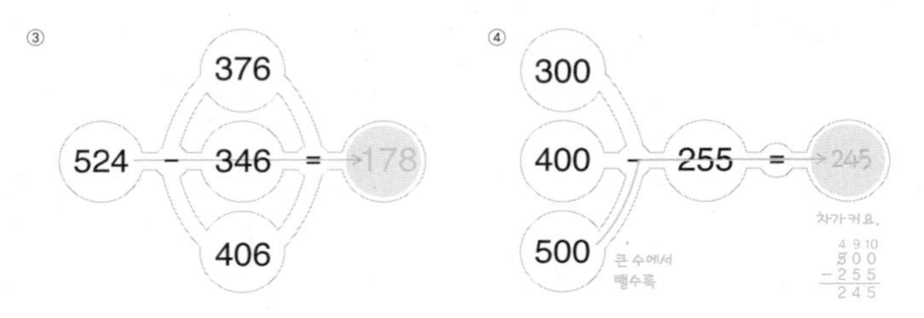

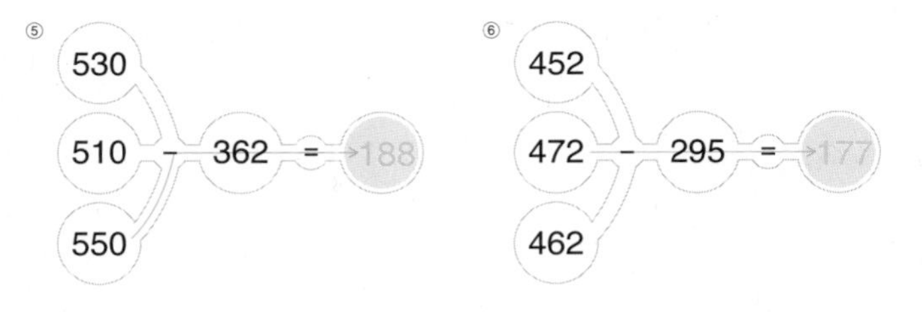

뺄셈의 원리 ● 계산 원리 이해

06 편리한 방법으로 빼기 99쪽

① 201 / 200, 200
② 301 / 500, 300
③ 181 / 600, 180
④ 402 / 300, 400
⑤ 105 / 400, 102
⑥ 210 / 610, 400, 210
⑦ 260 / 760, 500, 260
⑧ 120 / 520, 400, 120
⑨ 610 / 810, 200, 610
⑩ 450 / 950, 500, 450

뺄셈의 감각 ● 수의 조작

07 다르면서 같은 뺄셈 100쪽

① 243, 243
② 78, 78
③ 545, 545
④ 372, 372
⑤ 237, 237
⑥ 124, 124
⑦ 368, 368
⑧ 289, 289
⑨ 126, 299
⑩ 289, 227

뺄셈의 원리 ● 계산 원리 이해

08 수를 뺄셈식으로 나타내기 101쪽

① 50, 100
② 60, 160
③ 50, 150
④ 80, 180
⑤ 7, 17
⑥ 8, 58
⑦ 63, 163
⑧ 45, 245
⑨ 29, 229
⑩ 75, 275

뺄셈의 감각 ● 수의 조작

8 나눗셈의 기초

나눗셈이 이루어지는 2가지 상황에 대해 학습하는 단원입니다. 주어진 대상을 몇 묶음으로 똑같이 나누었을 때 한 묶음의 크기를 구하는 것과 주어진 대상을 일정하게 묶으면 몇 묶음이 되는지 구하는 것에 대해 알아봄으로써 나눗셈의 기초를 다질 수 있게 합니다.

01 똑같게 나누기 104쪽

① 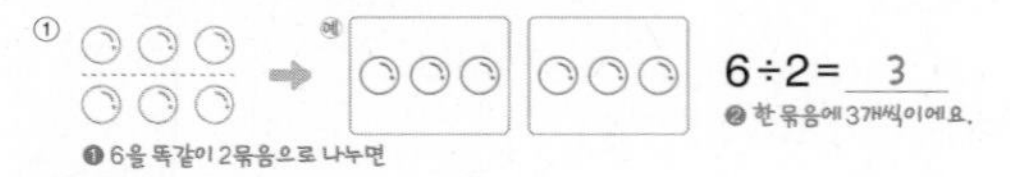

② 예 6÷3= 2

③ 예 8÷2= 4

④ 예 8÷4= 2

⑤ 예 9÷3= 3

⑥ 예 10÷2= 5

⑦ 예 10÷5= 2

나눗셈의 원리 ● 계산 원리 이해

02 몇 묶음인지 구하기 105쪽

① 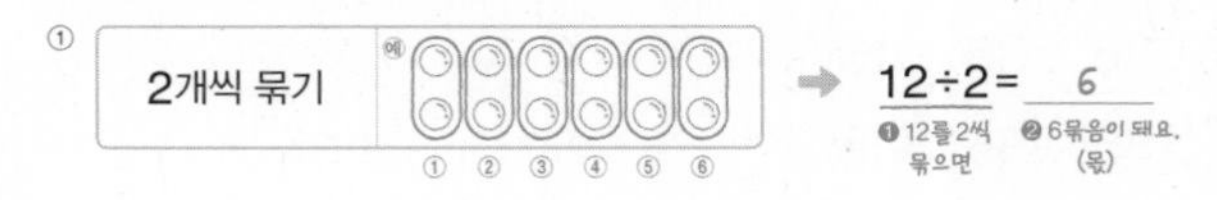

② 3개씩 묶기 예 → 12÷3= 4

③ 4개씩 묶기 예 → 12÷4= 3

④ 6개씩 묶기 예 → 12÷6= 2

⑤ 3개씩 묶기 예 → 18÷3= 6

⑥ 6개씩 묶기 예 → 18÷6= 3

나눗셈의 원리 ● 계산 원리 이해

03 뺄셈으로 나눗셈 알아보기 106~107쪽

① 0, 5 / 0, 1
② 0, 5 / 0, 2
③ 0, 8 / 0, 4
④ 0, 5 / 0, 3
⑤ 0, 8 / 0, 6
⑥ 0, 4 / 0, 2 / 0, 1
⑦ 0, 9 / 0, 3 / 0, 1
⑧ 0, 8 / 0, 4 / 0, 2
⑨ 0, 9 / 0, 6 / 0, 4

나눗셈의 원리 ● 계산 원리 이해

04 곱셈식으로 나눗셈의 몫 구하기(1) 108~109쪽

① 2 / 2	② 3 / 3	③ 4 / 4
④ 3 / 3	⑤ 9 / 9	⑥ 7 / 7
⑦ 2 / 2	⑧ 1 / 1	⑨ 6 / 6
⑩ 4 / 4	⑪ 2 / 2	⑫ 5 / 5
⑬ 5 / 5	⑭ 7 / 7	⑮ 9 / 9
⑯ 2 / 2	⑰ 5 / 5	⑱ 6 / 6
⑲ 2 / 2	⑳ 5 / 5	㉑ 6 / 6
㉒ 1 / 1	㉓ 9 / 9	㉔ 3 / 3
㉕ 5 / 5	㉖ 8 / 8	㉗ 4 / 4
㉘ 9 / 9	㉙ 3 / 3	㉚ 4 / 4

나눗셈의 원리 ● 계산 원리 이해

05 곱셈식으로 나눗셈의 몫 구하기(2) 110~111쪽

① 1, 1	② 9, 9
③ 5, 5	④ 4, 4
⑤ 2, 2	⑥ 5, 5
⑦ 9, 9	⑧ 3, 3
⑨ 7, 7	⑩ 6, 6
⑪ 2, 2	⑫ 8, 8
⑬ 5, 5	⑭ 4, 4
⑮ 6, 6	⑯ 8, 8
⑰ 1, 1	⑱ 4, 4
⑲ 8, 8	⑳ 6, 6
㉑ 3, 3	㉒ 3, 3
㉓ 7, 7	㉔ 1, 1
㉕ 4, 4	㉖ 3, 3
㉗ 6, 6	㉘ 8, 8
㉙ 9, 9	
㉚ 4, 4	

나눗셈의 원리 ● 계산 원리 이해

06 2, 3으로 나누기 112쪽

① 4	② 3	③ 5
④ 9	⑤ 6	⑥ 2
⑦ 1	⑧ 7	⑨ 4
⑩ 6	⑪ 2	⑫ 8

① 1	② 5	③ 8
④ 2	⑤ 6	⑥ 3
⑦ 4	⑧ 7	⑨ 2
⑩ 9	⑪ 8	⑫ 6

나눗셈의 원리 ● 계산 원리 이해

07 4, 5로 나누기 113쪽

① 1	② 5	③ 4
④ 2	⑤ 6	⑥ 9
⑦ 7	⑧ 8	⑨ 5
⑩ 2	⑪ 3	⑫ 4

① 2	② 3	③ 8
④ 4	⑤ 1	⑥ 7
⑦ 8	⑧ 9	⑨ 1
⑩ 6	⑪ 5	⑫ 2

나눗셈의 원리 ● 계산 원리 이해

08 6, 7로 나누기

114쪽

① 3	② 5	③ 1
④ 8	⑤ 6	⑥ 2
⑦ 7	⑧ 4	⑨ 7
⑩ 2	⑪ 9	⑫ 6

① 3	② 1	③ 7
④ 4	⑤ 2	⑥ 6
⑦ 5	⑧ 8	⑨ 3
⑩ 9	⑪ 4	⑫ 1

나눗셈의 원리 ● 계산 원리 이해

09 8, 9로 나누기

115쪽

① 7	② 5	③ 1
④ 2	⑤ 6	⑥ 3
⑦ 4	⑧ 2	⑨ 1
⑩ 8	⑪ 9	⑫ 7

① 1	② 3	③ 4
④ 7	⑤ 6	⑥ 9
⑦ 2	⑧ 8	⑨ 5
⑩ 4	⑪ 5	⑫ 2

나눗셈의 원리 ● 계산 원리 이해

9 나머지가 없는 곱셈구구 안에서의 나눗셈

나눗셈의 가로셈 뿐만 아니라 세로셈까지 계산하는 단계입니다. 세로셈을 할 때에는 몫의 위치를 정확하게 맞추어 쓰도록 지도합니다. 또 나누는 수의 단 곱셈구구를 이용하여 몫을 구하는 방법을 충분히 연습할 수 있도록 지도해 주세요.

01 가로셈

118~119쪽

① 3	② 8	③ 3
④ 6	⑤ 9	⑥ 2
⑦ 5	⑧ 8	⑨ 5
⑩ 1	⑪ 8	⑫ 3
⑬ 9	⑭ 6	⑮ 7
⑯ 4	⑰ 5	⑱ 4
⑲ 8	⑳ 8	㉑ 6
㉒ 3	㉓ 4	㉔ 6
㉕ 8	㉖ 7	㉗ 6
㉘ 9	㉙ 4	㉚ 8
㉛ 6	㉜ 7	㉝ 6
㉞ 9	㉟ 4	㊱ 5
㊲ 7	㊳ 5	㊴ 7
㊵ 4	㊶ 9	㊷ 9
㊸ 8	㊹ 6	㊺ 2
㊻ 4	㊼ 5	㊽ 5
㊾ 3	㊿ 7	51 9
52 9	53 7	54 5

나눗셈의 원리 ● 계산 방법과 자릿값의 이해

02 세로셈 120~121쪽

① 4	② 3	③ 6	④ 5
⑤ 8	⑥ 9	⑦ 7	⑧ 6
⑨ 8	⑩ 4	⑪ 4	⑫ 7
⑬ 9	⑭ 3	⑮ 6	⑯ 3
⑰ 9	⑱ 8	⑲ 2	⑳ 6
㉑ 7	㉒ 5	㉓ 5	㉔ 9
㉕ 4	㉖ 8	㉗ 8	㉘ 8
㉙ 3	㉚ 4	㉛ 9	㉜ 8
㉝ 8	㉞ 9	㉟ 5	㊱ 7

나눗셈의 원리 ● 계산 방법과 자릿값의 이해

03 여러 가지 수로 나누기 122쪽

① 4 / 8	② 2 / 4	③ 1 / 2
④ 3 / 6	⑤ 4 / 8	⑥ 1 / 3
⑦ 3 / 6	⑧ 1 / 3	⑨ 3 / 9
⑩ 2 / 4	⑪ 1 / 2	⑫ 2 / 6
⑬ 1 / 7	⑭ 3 / 9	⑮ 2 / 6

나눗셈의 원리 ● 계산 원리 이해

04 두 나눗셈 사이의 관계 123쪽

① 3 / 5	② 2 / 5	③ 5 / 9
④ 4 / 8	⑤ 3 / 7	⑥ 4 / 5
⑦ 2 / 7	⑧ 5 / 8	⑨ 4 / 7
⑩ 6 / 7	⑪ 5 / 7	⑫ 7 / 8
⑬ 7 / 9	⑭ 8 / 6	⑮ 8 / 9

나눗셈의 원리 ● 계산 원리 이해

05 계산하지 않고 크기 비교하기 124쪽

① <	② >
③ <	④ >
⑤ >	⑥ >
⑦ <	⑧ >
⑨ >	⑩ >
⑪ >	⑫ <
⑬ >	⑭ >
⑮ <	⑯ >

나눗셈의 원리 ● 계산 원리 이해

06 0과 1의 나눗셈 125쪽

① 2, 1, 0	② 3, 1, 0	③ 4, 1, 0
④ 5, 1, 0	⑤ 6, 1, 0	⑥ 8, 1, 0
⑦ 10, 1, 0	⑧ 12, 1, 0	⑨ 15, 1, 0
⑩ 36, 1, 0	⑪ 16, 1, 0	

나눗셈의 원리 ● 계산 원리 이해

07 다르면서 같은 나눗셈 126~127쪽

① 2, 2, 2	② 6, 6, 6
③ 4, 4, 4	④ 9, 9, 9
⑤ 1, 1, 1	⑥ 7, 7, 7
⑦ 3, 3, 3	⑧ 6, 6, 6
⑨ 3, 3, 3	⑩ 6, 6, 6
⑪ 8, 8, 8	⑫ 9, 9, 9
⑬ 7, 7, 7	⑭ 4, 4, 4
⑮ 5, 5, 5	⑯ 9, 9, 9

나눗셈의 원리 ● 계산 원리 이해

08 검산하기 128쪽

① 2 / 5, 2, 10	② 6 / 3, 6, 18
③ 5 / 7, 5, 35	④ 9 / 1, 9, 9
⑤ 4 / 4, 4, 16	⑥ 4 / 8, 4, 32
⑦ 8 / 6, 8, 48	⑧ 6 / 2, 6, 12
⑨ 5 / 3, 5, 15	⑩ 3 / 9, 3, 27
⑪ 5 / 5, 5, 25	⑫ 8 / 7, 8, 56

나눗셈의 원리 ● 계산 원리 이해

검산

계산 결과가 옳은지 그른지를 검사하는 계산으로 계산 실수를 줄일 수 있는 가장 좋은 방법입니다.
또한, 검산은 앞서 계산한 것과 다른 방법을 사용해야 하기 때문에 문제 푸는 방법을 다양한 방법으로 생각해 보게 하는 효과도 얻을 수 있습니다.
따라서 나눗셈에서의 검산 뿐만 아니라 덧셈, 뺄셈, 곱셈에서도 검산하는 습관을 길러 주세요.

09 구슬의 무게 구하기 129쪽

① 10÷2=5 / 5g	② 15÷5=3 / 3g	③ 20÷4=5 / 5g
④ 24÷6=4 / 4g	⑤ 27÷3=9 / 9g	⑥ 40÷5=8 / 8g
⑦ 18÷9=2 / 2g	⑧ 36÷6=6 / 6g	⑨ 56÷8=7 / 7g

나눗셈의 활용 ● 나눗셈의 적용

10 단위가 있는 나눗셈 130~131쪽

① 2 / 2cm	② 7 / 7cm	③ 5 / 5cm
④ 6 / 6cm	⑤ 7 / 7cm	⑥ 4 / 4cm
⑦ 2 / 2cm	⑧ 3 / 3cm	⑨ 5 / 5cm
⑩ 8 / 8cm	⑪ 9 / 9cm	⑫ 1 / 1cm
⑬ 3 / 3cm	⑭ 7 / 7cm	⑮ 4 / 4cm
⑯ 2 / 2g	⑰ 7 / 7g	⑱ 3 / 3g
⑲ 4 / 4g	⑳ 2 / 2g	㉑ 5 / 5g
㉒ 9 / 9g	㉓ 8 / 8g	㉔ 5 / 5g
㉕ 8 / 8g	㉖ 8 / 8g	㉗ 6 / 6g
㉘ 6 / 6g	㉙ 9 / 9g	㉚ 4 / 4g

나눗셈의 원리 ● 계산 원리 이해

단위가 있는 나눗셈

나눗셈식은 단위를 넣는 방법에 따라 몫이 나타내는 바가 달라집니다.
나눗셈의 몫은
① 전체를 똑같게 나누었을 때 한 묶음 안의 수가 몇인지
② 전체에서 같은 수만큼씩 몇 번 덜어 낼 수 있는지
의 두 가지 뜻을 가집니다.
단위를 다르게 넣은 나눗셈의 몫을 구해 보면서 학생들은 나눗셈의 원리와 몫이 갖는 의미를 모두 이해할 수 있습니다.

10 올림이 없는 (두 자리 수)×(한 자리 수)

올림이 없는 (두 자리 수)×(한 자리 수)는 올림이 있는 (두 자리 수)×(한 자리 수)의 준비 학습이기도 합니다. 일의 자리, 십의 자리의 순서로 계산한다는 연습이 충분히 될 수 있도록 지도해 주세요. 또 같은 숫자라도 자리에 따라 값이 다르기 때문에 일의 자리, 십의 자리의 곱을 따로 하여 더한다는 것을 알려 주세요.

01 수를 가르기하여 계산하기 134~135쪽

① 6, 30 / 36	② 1, 20 / 21	③ 6, 60 / 66
④ 2, 40 / 42	⑤ 3, 90 / 93	⑥ 8, 80 / 88
⑦ 4, 20 / 24	⑧ 0, 80 / 80	⑨ 6, 20 / 26
⑩ 9, 30 / 39	⑪ 2, 60 / 62	⑫ 7, 70 / 77
⑬ 6, 90 / 96	⑭ 2, 20 / 22	⑮ 4, 80 / 84
⑯ 0, 50 / 50	⑰ 6, 60 / 66	⑱ 6, 80 / 86
⑲ 8, 20 / 28	⑳ 8, 50 / 58	㉑ 5, 30 / 35
㉒ 6, 40 / 46	㉓ 2, 80 / 82	㉔ 8, 60 / 68

곱셈의 원리 ● 계산 원리 이해

분배법칙

분배법칙이란 두 수의 합에 어떤 수를 곱한 것이 각각 곱한 것을 더한 것과 같다는 법칙입니다.
→ $a\times(b+c)=a\times b+a\times c$, $(a+b)\times c=a\times c+b\times c$
교환법칙, 결합법칙과 함께 중등 과정에서 배우지만 초등 연산 학습에서부터 분배법칙의 성질을 경험해 볼 수 있도록 수준을 낮춘 문제로 구성하였습니다.

02 자리별로 계산하기 136~137쪽

① 48	② 44	③ 20	④ 33
⑤ 44	⑥ 88	⑦ 88	⑧ 48
⑨ 60	⑩ 64	⑪ 93	⑫ 99
⑬ 39	⑭ 22	⑮ 46	⑯ 40
⑰ 63	⑱ 90	⑲ 82	⑳ 42
㉑ 52	㉒ 68	㉓ 84	㉔ 66
㉕ 28	㉖ 69	㉗ 78	㉘ 80
㉙ 84	㉚ 88	㉛ 36	㉜ 66

곱셈의 원리 ● 계산 방법과 자릿값의 이해

03 세로셈 138~139쪽

① 26	② 40	③ 40	④ 44
⑤ 28	⑥ 42	⑦ 63	⑧ 44
⑨ 69	⑩ 70	⑪ 99	⑫ 68
⑬ 82	⑭ 60	⑮ 60	⑯ 33
⑰ 64	⑱ 39	⑲ 55	⑳ 88
㉑ 24	㉒ 93	㉓ 84	㉔ 46
㉕ 50	㉖ 80	㉗ 90	㉘ 90
㉙ 88	㉚ 60	㉛ 88	㉜ 48
㉝ 62	㉞ 36	㉟ 26	㊱ 66
㊲ 80	㊳ 84	㊴ 66	㊵ 28
㊶ 86	㊷ 96	㊸ 48	㊹ 22
㊺ 80	㊻ 77	㊼ 48	㊽ 30

곱셈의 원리 ● 계산 방법과 자릿값의 이해

04 가로셈 140~141쪽

① 80	② 33	③ 80
④ 40	⑤ 63	⑥ 93
⑦ 24	⑧ 14	⑨ 42
⑩ 66	⑪ 46	⑫ 82
⑬ 86	⑭ 69	⑮ 68
⑯ 70	⑰ 60	⑱ 60
⑲ 22	⑳ 39	㉑ 26
㉒ 84	㉓ 90	㉔ 62
㉕ 96	㉖ 99	㉗ 44
㉘ 36	㉙ 84	㉚ 88
㉛ 48	㉜ 20	㉝ 28
㉞ 42	㉟ 63	㊱ 66
㊲ 88	㊳ 46	㊴ 26
㊵ 64	㊶ 48	㊷ 86
㊸ 80	㊹ 40	
㊺ 44	㊻ 66	

곱셈의 원리 ● 계산 방법과 자릿값의 이해

05 여러 가지 수 곱하기 142~143쪽

① 10, 20, 30	② 12, 24, 36	③ 0, 34, 68
④ 42, 63, 84	⑤ 30, 60, 90	⑥ 77, 88, 99
⑦ 0, 43, 86	⑧ 44, 66, 88	⑨ 31, 62, 93
⑩ 23, 46, 69	⑪ 40, 60, 80	⑫ 13, 26, 39
⑬ 82, 41, 0	⑭ 96, 64, 32	⑮ 90, 80, 70
⑯ 63, 42, 21	⑰ 66, 55, 44	⑱ 99, 66, 33
⑲ 60, 50, 40	⑳ 48, 24, 0	㉑ 66, 44, 22
㉒ 33, 22, 11	㉓ 84, 42, 0	㉔ 60, 40, 20

곱셈의 원리 ● 계산 원리 이해

06 바꾸어 곱하기 144쪽

① 55, 55	② 26, 26	③ 19, 19
④ 48, 48	⑤ 28, 28	⑥ 90, 90
⑦ 42, 42	⑧ 66, 66	⑨ 48, 48
⑩ 62, 62	⑪ 96, 96	⑫ 37, 37
⑬ 99, 99	⑭ 82, 82	⑮ 68, 68
⑯ 84, 84	⑰ 86, 86	⑱ 84, 84

곱셈의 성질 ● 교환법칙

교환법칙

교환법칙은 두 수를 바꾸어 계산해도 그 결과가 같다는 법칙으로 +와 ×에서만 성립합니다.

이것은 덧셈과 곱셈의 중요한 성질로 중등 과정에서 추상화된 표현으로 처음 배우게 됩니다. 비교적 간단한 수의 연산에서부터 교환법칙을 이해한다면 중등 학습에서도 쉽게 이해할 수 있을 뿐만 아니라 문제 해결력을 기르는 데에도 도움이 됩니다.

07 10배 한 수 구하기 145쪽

① 3 / 30, 30	② 6 / 60, 60	③ 8 / 80, 80
④ 4 / 40, 40	⑤ 6 / 60, 60	⑥ 5 / 50, 50
⑦ 9 / 90, 90	⑧ 7 / 70, 70	⑨ 9 / 90, 90
⑩ 4 / 40, 40	⑪ 8 / 80, 80	⑫ 2 / 20, 20

곱셈의 원리 ● 계산 원리 이해

08 사각형의 수 구하기 146쪽

① 10×4=40 / 40개

② 13×3=39 / 39개

③ 15×1=15 / 15개

④ 21×4=84 / 84개

⑤ 20×3=60 / 60개

곱셈의 활용 ● 곱셈의 적용

09 지워진 수 찾기 147쪽

① 4	② 3	③ 2	④ 5
⑤ 4	⑥ 2	⑦ 3	⑧ 0
⑨ 1	⑩ 1	⑪ 2	⑫ 1
⑬ 3	⑭ 3	⑮ 5	⑯ 3

곱셈의 감각 ● 수의 조작

11 올림이 한 번 있는 (두 자리 수)×(한 자리 수)

올림이 있는 곱셈을 처음으로 배우는 단계입니다. 올림한 수를 작게 쓰면 빼먹고 더하지 않는 실수를 줄일 수 있습니다. 올림한 수는 바로 윗자리의 곱과 더한다는 원리를 적용하는 연습이 충분히 될 수 있도록 지도해 주세요.

01 수를 가르기하여 계산하기 150~151쪽

① 15, 30 / 45	② 8, 160 / 168	③ 6, 180 / 186
④ 2, 140 / 142	⑤ 15, 60 / 75	⑥ 6, 100 / 106
⑦ 4, 180 / 184	⑧ 6, 240 / 246	⑨ 14, 20 / 34
⑩ 16, 40 / 56	⑪ 5, 200 / 205	⑫ 0, 240 / 240
⑬ 5, 450 / 455	⑭ 6, 120 / 126	⑮ 36, 60 / 96
⑯ 18, 60 / 78	⑰ 36, 40 / 76	⑱ 9, 210 / 219
⑲ 9, 120 / 129	⑳ 0, 270 / 270	㉑ 8, 240 / 248
㉒ 9, 150 / 159	㉓ 25, 50 / 75	

곱셈의 원리 ● 계산 원리 이해

02 자리별로 계산하기 152~153쪽

① 147	② 60	③ 160
④ 90	⑤ 155	⑥ 128
⑦ 126	⑧ 129	⑨ 300
⑩ 106	⑪ 48	⑫ 92
⑬ 52	⑭ 96	⑮ 90
⑯ 68	⑰ 244	⑱ 87
⑲ 246	⑳ 72	㉑ 96
㉒ 70	㉓ 168	㉔ 142

곱셈의 원리 ● 계산 방법과 자릿값의 이해

03 세로셈 154~155쪽

① 1 / 65	② 1 / 72	③ 2 / 51
④ 1 / 38	⑤ 1 / 36	⑥ 1 / 78
⑦ 1 / 92	⑧ 2 / 84	⑨ 1 / 54
⑩ 1 / 48	⑪ 1 / 96	⑫ 2 / 68
⑬ 1 / 78	⑭ 1 / 76	⑮ 1 / 96
⑯ 1 / 70	⑰ 1 / 94	⑱ 1 / 52
⑲ 126	⑳ 128	㉑ 729
㉒ 123	㉓ 164	㉔ 186
㉕ 728	㉖ 106	㉗ 328
㉘ 128	㉙ 146	㉚ 148
㉛ 129	㉜ 244	㉝ 355
㉞ 368	㉟ 279	㊱ 306

곱셈의 원리 ● 계산 방법과 자릿값의 이해

04 가로셈 156~157쪽

① 200	② 81	③ 72	④ 60
⑤ 91	⑥ 84	⑦ 126	⑧ 540
⑨ 124	⑩ 85	⑪ 287	⑫ 126
⑬ 140	⑭ 70	⑮ 405	⑯ 120
⑰ 64	⑱ 80	⑲ 490	⑳ 84
㉑ 168	㉒ 305	㉓ 153	㉔ 95
㉕ 248	㉖ 328	㉗ 279	㉘ 50
㉙ 168	㉚ 164	㉛ 96	㉜ 279
㉝ 350	㉞ 30	㉟ 32	㊱ 34
㊲ 147	㊳ 546	㊴ 369	㊵ 65

곱셈의 원리 ● 계산 방법과 자릿값의 이해

05 여러 가지 수 곱하기 158~159쪽

① 120, 150, 180	② 30, 45, 60	③ 200, 240, 280
④ 48, 72, 96	⑤ 105, 126, 147	⑥ 104, 156, 208
⑦ 123, 164, 205	⑧ 124, 186, 248	⑨ 186, 217, 248
⑩ 164, 246, 328	⑪ 182, 273, 364	⑫ 144, 216, 288
⑬ 180, 160, 140	⑭ 450, 400, 350	⑮ 78, 65, 52
⑯ 95, 76, 57	⑰ 328, 287, 246	⑱ 98, 84, 70
⑲ 96, 80, 64	⑳ 68, 51, 34	㉑ 324, 243, 162
㉒ 204, 153, 102	㉓ 305, 244, 183	㉔ 368, 276, 184

곱셈의 원리 ● 계산 원리 이해

06 다르면서 같은 곱셈 160~161쪽

① 120, 120	② 160, 160	③ 180, 180
④ 78, 78	⑤ 96, 96	⑥ 56, 56
⑦ 72, 72	⑧ 126, 126	⑨ 246, 246
⑩ 328, 328	⑪ 168, 168	⑫ 186, 186
⑬ 320, 320	⑭ 92, 92	⑮ 240, 240
⑯ 84, 84	⑰ 72, 72	⑱ 96, 96
⑲ 124, 124	⑳ 164, 164	㉑ 78, 78
㉒ 90, 90	㉓ 128, 128	㉔ 248, 248

곱셈의 원리 ● 계산 원리 이해

07 계산하지 않고 크기 비교하기 162쪽

① 30×7에 ○표	② 19×5에 ○표
③ 15×6에 ○표	④ 21×7에 ○표
⑤ 17×5에 ○표	⑥ 41×8에 ○표
⑦ 91×4에 ○표	⑧ 61×9에 ○표
⑨ 29×3에 ○표	⑩ 53×2에 ○표
⑪ 92×3에 ○표	⑫ 19×5에 ○표
⑬ 15×6에 ○표	⑭ 43×3에 ○표

곱셈의 원리 ● 계산 방법 이해

08 등식 완성하기 163쪽

① 8	② 4
③ 7	④ 5
⑤ 9	⑥ 7
⑦ 15	⑧ 15
⑨ 12	⑩ 10
⑪ 18	⑫ 28
⑬ 5	⑭ 8

곱셈의 성질 ● 등식

등식

등식은 '='의 양쪽 값이 같음을 나타낸 식입니다.
수학 문제를 풀 때 결과를 '='의 오른쪽에 자연스럽게 쓰지만 학생들이 '='의 의미를 간과한 채 사용하기 쉽습니다.
간단한 연산 문제를 푸는 시기부터 등식의 개념을 이해하고 '='를 사용한다면 초등 고학년, 중등으로 이어지는 학습에서 등식, 방정식의 개념을 쉽게 이해할 수 있습니다.

12 올림이 두 번 있는 (두 자리 수)×(한 자리 수)

올림이 있는 곱셈은 곱셈과 덧셈을 동시에 해야 하는 계산이기 때문에 학생들이 힘들어하고 실수를 자주 하게 됩니다.
하지만 곱셈에서 중요한 것은 '각 자리별로 곱해서 더한다'라는 원리를 이해하는 것이므로 계산 자체가 목적이 되어서는 안 됩니다. 그리고 올림에서 실수가 잦다면 식 옆에 작게 써서 표시해 두는 방법을 쓰게 하거나, 자리별로 곱해서 더하는 방법으로 계산하게 해 주세요.

01 수를 가르기하여 계산하기 166쪽

① 14, 140 / 154	② 10, 150 / 160	③ 27, 120 / 147
④ 54, 420 / 474	⑤ 28, 200 / 228	⑥ 16, 120 / 136
⑦ 25, 150 / 175	⑧ 36, 180 / 216	⑨ 32, 400 / 432
⑩ 56, 560 / 616	⑪ 18, 360 / 378	⑫ 18, 540 / 558

곱셈의 원리 ● 계산 원리 이해

02 자리별로 계산하기 167쪽

① 110	② 192	③ 140
④ 416	⑤ 441	⑥ 201
⑦ 756	⑧ 112	⑨ 438
⑩ 115	⑪ 162	⑫ 184

곱셈의 원리 ● 계산 방법과 자릿값의 이해

03 세로셈 168~169쪽

① 2 / 144	② 2 / 225	③ 2 / 144
④ 4 / 189	⑤ 3 / 210	⑥ 1 / 110
⑦ 7 / 342	⑧ 6 / 273	⑨ 4 / 368
⑩ 1 / 312	⑪ 2 / 144	⑫ 1 / 138
⑬ 7 / 432	⑭ 2 / 518	⑮ 7 / 632
⑯ 4 / 252	⑰ 1 / 150	⑱ 8 / 891
⑲ 3 / 150	⑳ 2 / 170	㉑ 1 / 114
㉒ 1 / 172	㉓ 1 / 252	㉔ 4 / 208
㉕ 1 / 224	㉖ 1 / 294	㉗ 1 / 364
㉘ 6 / 603	㉙ 5 / 536	㉚ 4 / 469
㉛ 1 / 132	㉜ 4 / 522	
㉝ 3 / 272	㉞ 5 / 864	

곱셈의 원리 ● 계산 방법과 자릿값의 이해

04 가로셈 170~171쪽

① 132	② 165	③ 308	④ 296
⑤ 196	⑥ 260	⑦ 130	⑧ 231
⑨ 828	⑩ 602	⑪ 116	⑫ 188
⑬ 222	⑭ 534	⑮ 752	⑯ 184
⑰ 243	⑱ 238	⑲ 192	⑳ 240
㉑ 194	㉒ 510	㉓ 207	㉔ 232
㉕ 399	㉖ 147	㉗ 182	㉘ 405
㉙ 264	㉚ 225		㉛ 264
㉜ 224	㉝ 567	㉞ 172	㉟ 456
㊱ 198	㊲ 644	㊳ 472	㊴ 136

곱셈의 원리 ● 계산 방법과 자릿값의 이해

05 묶어서 곱하기 172쪽

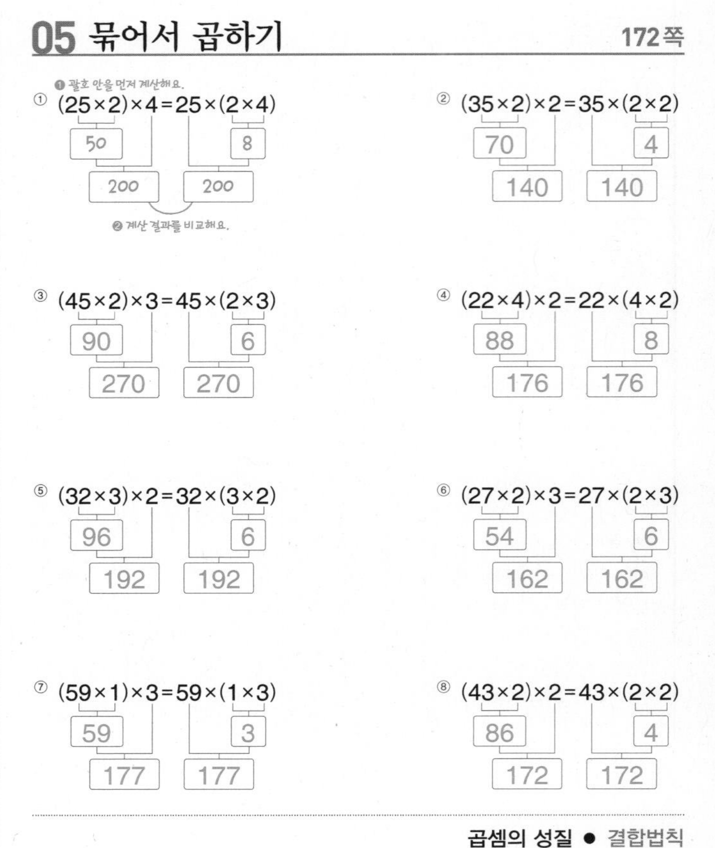

곱셈의 성질 ● 결합법칙

결합법칙

결합법칙은 셋 이상의 연산에서 순서를 바꾸어 계산해도 그 결과가 같다는 법칙으로 +와 ×에서만 성립합니다.
초등 과정에서는 사칙연산만 다루지만 중고등 학습에서는 '임의의 연산'을 가정하여 연산의 범위를 확장하게 되는데 이때, 결합법칙, 교환법칙 등의 성립여부로 '임의의 연산'을 정의합니다.
결합법칙의 뜻 자체는 어렵지 않지만 숙지하고 있지 않다면 문제에 능숙하게 적용하기 어려울 수 있으므로 쉬운 연산 학습에서부터 결합법칙을 경험하고 이해할 수 있게 해 주세요.

06 정해진 수 곱하기 173쪽

① 4를 곱해 보세요.

곱해지는 수가 1씩 커지면

50	51	52	53
× 4	× 4	× 4	× 4
200	204	208	212

계산 결과는 4씩 커져요.

② 8을 곱해 보세요.

22	23	24	25
× 8	× 8	× 8	× 8
176	184	192	200

③ 6을 곱해 보세요.

45	46	47	48
× 6	× 6	× 6	× 6
270	276	282	288

④ 3을 곱해 보세요.

66	67	68	69
× 3	× 3	× 3	× 3
198	201	204	207

⑤ 7을 곱해 보세요.

54	55	56	57
× 7	× 7	× 7	× 7
378	385	392	399

곱셈의 원리 ● 계산 원리 이해

07 여러 가지 수 곱하기 174쪽

① 60, 80, 100
② 110, 132, 154 ③ 110, 165, 220
④ 175, 210, 245 ⑤ 130, 156, 182
⑥ 300, 375, 450 ⑦ 160, 192, 224
⑧ 252, 315, 378 ⑨ 147, 196, 245
⑩ 282, 376, 470 ⑪ 172, 215, 258
⑫ 176, 264, 352 ⑬ 195, 234, 273

곱셈의 원리 ● 계산 원리 이해

08 마주 보는 곱셈 175쪽

① 150 ② 114
③ 176 ④ 315
⑤ 152 ⑥ 168
⑦ 118 ⑧ 184
⑨ 231 ⑩ 522
⑪ 224 ⑫ 265
⑬ 608 ⑭ 846

곱셈의 성질 ● 교환법칙

09 크기 어림하기 176쪽

① 32×6, 51×3에 ○표
② 54×4, 78×3에 ○표
③ 63×4, 52×5에 ○표
④ 87×4, 68×5에 ○표
⑤ 59×7에 ○표
⑥ 94×7, 67×9에 ○표

곱셈의 감각 ● 수의 조작

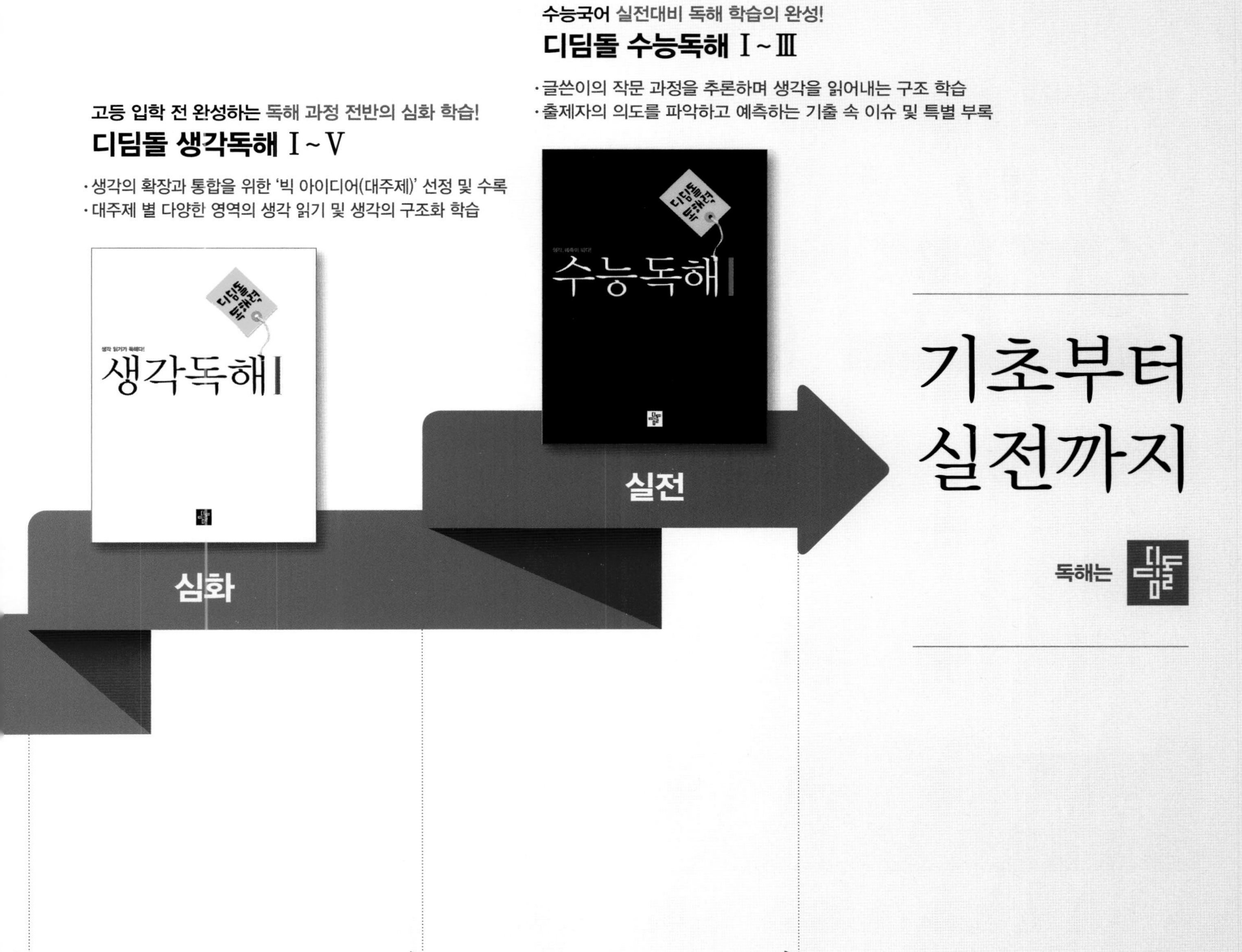

수능국어 실전대비 독해 학습의 완성!
디딤돌 수능독해 Ⅰ~Ⅲ
·글쓴이의 작문 과정을 추론하며 생각을 읽어내는 구조 학습
·출제자의 의도를 파악하고 예측하는 기출 속 이슈 및 특별 부록
고등 입학 전 완성하는 독해 과정 전반의 심화 학습!
디딤돌 생각독해 Ⅰ~Ⅴ
·생각의 확장과 통합을 위한 '빅 아이디어(대주제)' 선정 및 수록
·대주제 별 다양한 영역의 생각 읽기 및 생각의 구조화 학습
생각독해 Ⅰ
수능독해 Ⅰ
실전
심화
기초부터
실전까지
독해는 디딤돌
중등
고등(예비고~고2)

한걸음 한걸음 디딤돌을 걷다 보면
수학이 완성됩니다.

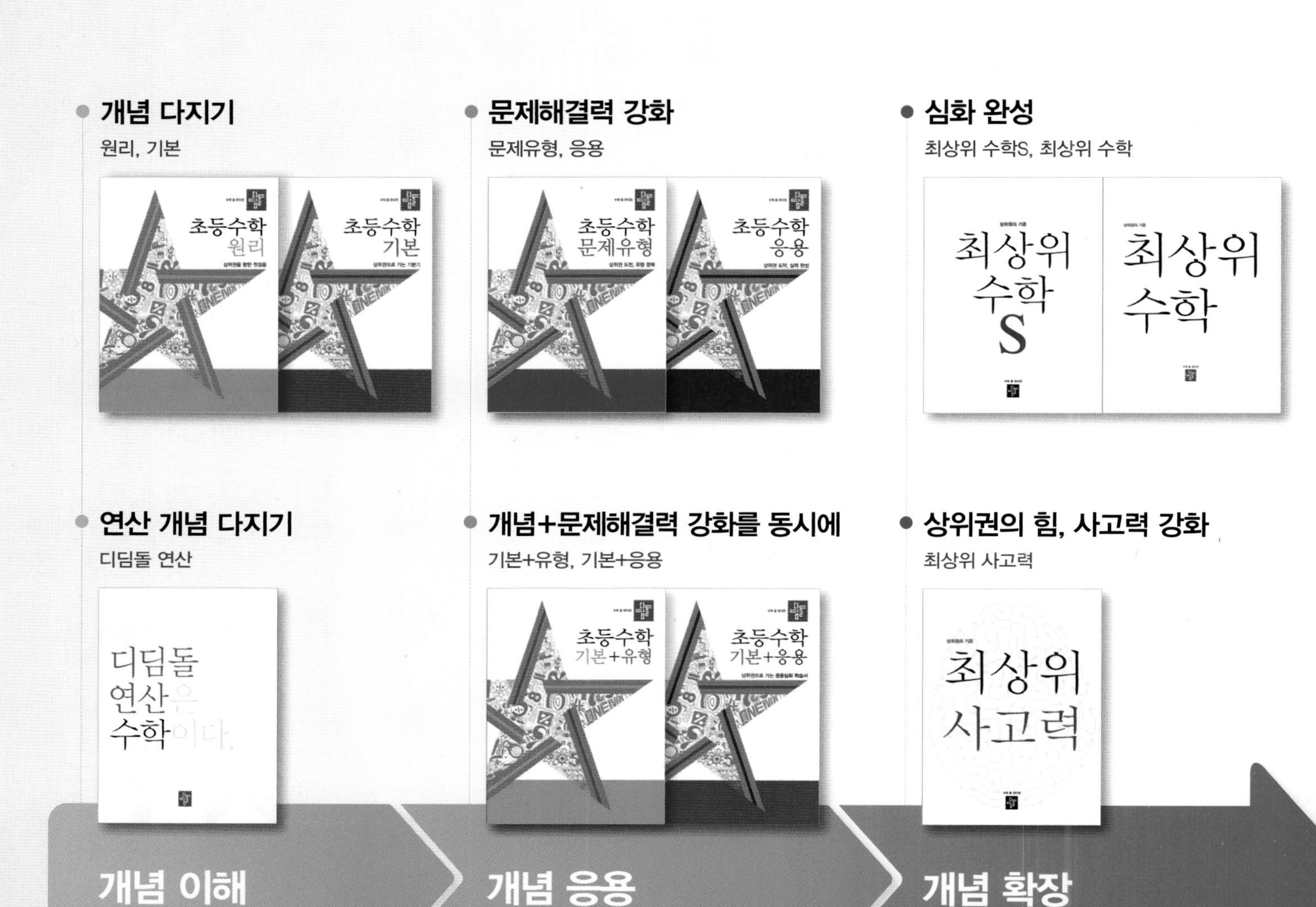

학습 능력과 목표에 따라
맞춤형이 가능한 디딤돌 초등 수학